Analytische Geometrie

von

Rudolf Eckart
Franz Jehle
Wilhelm Vogel

LÖSUNGEN

Bayerischer Schulbuch-Verlag · München

1982
© Bayerischer Schulbuch-Verlag
Hubertusstraße 4, 8000 München 19
Satz und Druck: Tutte Druckerei GmbH, Salzweg-Passau
ISBN: 3-7627-3386-4

1.1. S. 18

1. Von jeder der 8 Ecken des Würfels gehen 7 Pfeile aus, also insgesamt $8 \cdot 7 = 56$ Pfeile. (Man unterscheide Pfeil und Gegenpfeil!)
   Dadurch werden 27 Vektoren festgelegt:
   a) der Nullvektor
   b) $2 \cdot 3$ Vektoren in Kantenrichtung
   c) $2 \cdot 6$ Vektoren in Richtung der Flächendiagonalen
   d) $2 \cdot 4$ Vektoren in Richtung der Raumdiagonalen

2. $\vec{x} = -(\vec{b}+\vec{c})$; $\vec{d}_1 = \vec{a}+\vec{b}$; $\vec{d}_2 = \vec{a}+\vec{b}+\vec{c}$; $\vec{d}_3 = \vec{b}+\vec{c}$; $\vec{d}_4 = \vec{b}+\vec{c}-\vec{a}$; $\vec{d}_5 = \vec{c}-\vec{a}$
   Für die Diagonalen kommen natürlich auch die entsprechenden Gegenvektoren in Frage.

3. $\vec{d}_1 = \vec{a}+\vec{b}+\vec{c}$; $\vec{d}_2 = -\vec{d}_1$; $\vec{d}_3 = \vec{a}+\vec{b}-\vec{c}$; $\vec{d}_4 = -\vec{d}_3$; $\vec{d}_5 = \vec{a}-\vec{b}+\vec{c}$; $\vec{d}_6 = -\vec{d}_5$; $\vec{d}_7 = -\vec{a}+\vec{b}+\vec{c}$; $\vec{d}_8 = -\vec{d}_7$

4. $\sqrt{4^2 + 2^2 - 2 \cdot 4 \cdot 2 \cdot \cos 150°} = 5{,}82$ S. 19

5. a) $v_a = 348 \text{ km/h}$;   Ablenkung nach Süden um $\alpha \approx 9{,}36°$
   b) Gegensteuerung um $\beta \approx 8{,}13°$ in Nordrichtung
   Benutzt wurde Kosinussatz und Sinussatz

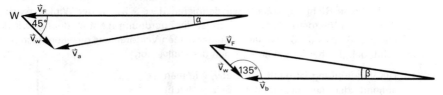

6. a) Der Schwimmer wird um 50 m abgetrieben. (Elementargeometrie!)
   b) Um $\alpha = 30°$ gegen die Fließrichtung. ($\sin\alpha = 0{,}5$)
   c) $t_a = 100 \text{ s}$; $t_b = 115{,}5 \text{ s}$ (Lehrsatz des Pythagoras)

   Benutzt wurde, daß sich Geschwindigkeiten wie Vektoren addieren.

7. a) $\vec{x} = \vec{c}-\vec{a}-\vec{b}$ b) $\vec{x} = 2\vec{v}+\vec{w}$

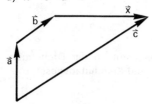
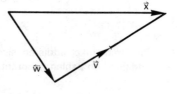

8. a) $\vec{x} = 4\vec{a}$ b) $\vec{x} = 2(\vec{a}+\vec{b})$ c) $\vec{x} = \vec{v}$ falls $k \neq 0$, sonst allgemeingültig
   d) $\vec{x} = \vec{u}-\vec{v}$ falls $s \neq 1$, sonst allgemeingültig

S. 26 | 1.2.

1. a) Nach Definition ist $\bar{a} * a = e$ für alle $a \in G$, also auch $\bar{\bar{a}} * \bar{a} = e$.
Hiermit gilt $a = e * a = (\bar{\bar{a}} * \bar{a}) * a = \bar{\bar{a}} * (\bar{a} * a) = \bar{\bar{a}} * e = \bar{\bar{a}}$.

Anmerkung: Hiermit haben wir aus $\bar{a} * a = e$ die Beziehung $a * \bar{a} = e$ gefolgert, d. h. einen Teil der Forderung G_4. Man beachte, daß es sich nicht um eine kommutative Gruppe handeln muß.

Daß es zu $a \in G$ *genau* ein Inverses $\bar{a}$ geben muß, zeigt man folgendermaßen:
Sei $\bar{a} * a = e$ *und* $\tilde{a} * a = e$, also $\bar{a} * a = \tilde{a} * a$. Verknüpft man die beiden Seiten dieser Gleichung von rechts mit $\bar{a}$ so ergibt sich $\bar{a} = \tilde{a}$.

b) $(\bar{b} * \bar{a}) * (a * b) = \bar{b} * (\bar{a} * a) * b = \bar{b} * e * b = \bar{b} * b = e$ also $\bar{b} * \bar{a} = \overline{(a * b)}$

Schreibweisen: Additive Gruppe: $\quad -(-a) = a; \quad -(a + b) = -b - a$
Multiplikative Gruppe: $(a^{-1})^{-1} = a; \quad (a \cdot b)^{-1} = b^{-1} \cdot a^{-1}$

2. a) $(-1)\vec{a} + \vec{a} = (-1)\vec{a} + (1)\vec{a} = (-1 + 1)\vec{a} = 0\vec{a} = \vec{o}$.
Also ist $(-1)\vec{a}$ invers zu $\vec{a}$: $(-1)\vec{a} = -\vec{a}$.

b) Man benutzt 1b) und 2a) und folgert: $-(\vec{b} + \vec{a}) = -\vec{a} - \vec{b} = (-1)\vec{a} + (-1)\vec{b} =$
$= (-1)(\vec{a} + \vec{b}) = -(\vec{a} + \vec{b})$
Multiplikation dieser Gleichung mit (-1) liefert dann unter Benutzung von 1 a) die Behauptung $\vec{b} + \vec{a} = \vec{a} + \vec{b}$ für beliebige Vektoren $\vec{a}, \vec{b} \in V$.

3. a) Für stumpfe Winkel zwischen den Vektoren trifft man dieselbe Summendefinition wie für spitze. Falls einer der Vektoren der Nullvektor ist, ist für die Winkelhalbierende keine Richtung erklärt; wir definieren $\vec{a} \circ \vec{o} = \vec{a}$. Ist der Winkel zwischen den beiden Vektoren gleich 180° so ist die Zuordnung nicht eindeutig; wir definieren z. B., daß $\vec{a} \circ \vec{o}$ vom längeren der beiden Vektoren aus gesehen nach rechts zeigt, bei gleicher Länge ergebe sich der Nullvektor.

b) Die Verknüpfung ist nicht assoziativ, wie man anhand der nebenstehenden Skizze leicht bestätigt.

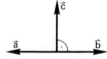

S. 27 **4.**

∘	f_1	f_2	f_3	f_4
f_1	f_1	f_2	f_3	f_4
f_2	f_2	f_1	f_4	f_3
f_3	f_3	f_4	f_1	f_2
f_4	f_4	f_3	f_2	f_1

Die Verknüpfungstafel zeigt, daß es sich um eine kommutative Gruppe handelt. f_1 ist neutrales Element, jedes Element ist zu sich selbst invers.
Für beliebige Funktionen f, g kann natürlich gelten:
$f \circ g \neq g \circ f$.
z. B. $f(x) = x + 1$, $g(x) = 2x$,
$f(g(x)) = 2x + 1$,
$g(f(x)) = 2(x + 1)$

5. Die Drehwinkel addieren sich beim Hintereinanderausführen der Drehungen; die Addition von Zahlen gehorcht aber dem Assoziativ- und Kommutativgesetz.

∘	D_0	D_1	D_2
D_0	D_0	D_1	D_2
D_1	D_1	D_2	D_0
D_2	D_2	D_0	D_1

D_0: Drehung um 0°
D_1: Drehung um 120°
D_2: Drehung um 240°

D_0 ist neutrales Element.
$\overline{D_1} = D_2, \quad \overline{D_2} = D_1$

6. Neutrales Element ist $\begin{pmatrix} 1 \\ 1 \\ 1 \end{pmatrix}$. Damit gibt es zu $\begin{pmatrix} a_1 \\ a_2 \\ a_3 \end{pmatrix}$ kein Inverses, falls eine der   S. 27

Zahlen a_1, a_2, a_3 gleich Null ist. (Zum Beispiel hat $\begin{pmatrix} 1 \\ 0 \\ 0 \end{pmatrix}$ kein Inverses.)

7. a) Kommutativgesetz: $a \circ b = \dfrac{a+b}{2} = \dfrac{b+a}{2} = b \circ a$

Assoziativitätsgesetz: $(a \circ b) \circ c = \dfrac{a+b}{2} \circ c = \dfrac{\frac{a+b}{2} + c}{2} = \dfrac{a}{4} + \dfrac{b}{4} + \dfrac{c}{2}$

$a \circ (b \circ c)$ ergibt hingegen $\dfrac{a}{2} + \dfrac{b}{4} + \dfrac{c}{4} \neq \dfrac{a}{4} + \dfrac{b}{4} + \dfrac{c}{2}$

b) $a \circ a = \dfrac{a+a}{2} = a$ also $n_a = a$. Es gibt kein neutrales Element, denn jedes $a \in \mathbb{R}$ hat sein eigenes „neutrales Element" im Gegensatz zur Definition des neutralen Elements.

8. a) $\vec{x} = \begin{pmatrix} 2 \\ 4{,}5 \\ 2{,}5 \end{pmatrix}$ b) $\vec{x} = \begin{pmatrix} 1 \\ 2 \\ 4 \end{pmatrix}$ c) $\vec{x} = \begin{pmatrix} -1 \\ -2 \\ 1 \end{pmatrix}$ d) $\vec{x} = \begin{pmatrix} 2 \\ -2 \\ -6 \end{pmatrix}$

9. a) $p(x) = x^2 + x$ b) $p(x) = 3(x+1)$ c) $p(x) = o(x)$ d) $p(x) = -2$

1.3.   S. 31

1. In den Teilaufgaben a, d, g, h, i handelt es sich um Untervektorräume. Bei b, c, e und f handelt es sich nicht um Unterräume, wie wir anhand von Gegenbeispielen zeigen:

b) $\begin{pmatrix} 1 \\ a \end{pmatrix} + \begin{pmatrix} 1 \\ b \end{pmatrix} = \begin{pmatrix} 2 \\ a+b \end{pmatrix}$ gehört nicht zur Menge

c) $\begin{pmatrix} 1 \\ 1 \end{pmatrix}$ und $\begin{pmatrix} 2 \\ 4 \end{pmatrix}$ gehören zur Menge, nicht aber $\begin{pmatrix} 1 \\ 1 \end{pmatrix} + \begin{pmatrix} 2 \\ 4 \end{pmatrix} = \begin{pmatrix} 3 \\ 5 \end{pmatrix}$ da $5 \neq 3^2$

e) $\begin{pmatrix} 2 \\ 1 \end{pmatrix}$ und $\begin{pmatrix} -1 \\ -1 \end{pmatrix}$ gehören zur Menge, nicht aber $\begin{pmatrix} 2 \\ 1 \end{pmatrix} + \begin{pmatrix} -1 \\ -1 \end{pmatrix} = \begin{pmatrix} 1 \\ 0 \end{pmatrix}$ da $2 \cdot 1 - 3 \cdot 0 = 2 \neq 1$

f) $\begin{pmatrix} 1 \\ 0 \\ 0 \end{pmatrix}$ und $\begin{pmatrix} 0 \\ 1 \\ 0 \end{pmatrix}$ gehören zur Menge, nicht aber der Summenvektor $\begin{pmatrix} 1 \\ 1 \\ 0 \end{pmatrix}$

Noch leichter findet man Gegenbeispiele, wenn man in Satz 1.1. statt der Summationseigenschaft die S-Multiplikation heranzieht. In den Fällen b) und e) sieht man auch sofort, daß der Nullvektor nicht zur Menge gehört.

S. 31 2. In den Teilaufgaben a, b, c handelt es sich um Unterräume, während in d kein Untervektorraum vorliegt: Zum Beispiel gehören $(x+1)^2$ und $(x-1)^2$ zur Menge, nicht aber das Summenpolynom $(x+1)^2 + (x-1)^2 = 2x^2 + 2$, welches sich nicht in der Form $(ax+b)^2$ darstellen läßt.

S. 32 3. D, R, B und P sind Unterräume von F. M_s ist kein Untervektorraum, da mit streng monoton wachsendem f die Funktion $(-1) \cdot f$ streng monoton abnehmend ist. M ist kein Unterraum, weil die Summenfunktion zu zwei monotonen Funktionen nicht immer monoton ist. Zum Beispiel ist f mit $f(x) = x$ monoton wachsend und g mit $g(x) = -x^3$ monoton abnehmend. Die Funktion $f + g$ mit $(f+g)(x) = x - x^3$ ist aber nicht monoton.

4. G_0, N_0 und I sind Unterräume. G_1 ist nicht Unterraum, denn aus $\lim_{x \to \infty} f(x) = 1$ folgt $\lim_{x \to \infty} kf(x) = k$. Genauso gehen wir bei N_1 vor: Aus $f(0) = 1$ folgt $kf(0) = k$.

S. 36 | **2.1.**

1. a) $\begin{pmatrix} 0 \\ 2 \end{pmatrix} = \begin{pmatrix} 1 \\ 1 \end{pmatrix} + \begin{pmatrix} -1 \\ 1 \end{pmatrix}$ b) $\begin{pmatrix} 1 \\ 0 \end{pmatrix} = \frac{1}{2}\begin{pmatrix} 1 \\ 1 \end{pmatrix} - \frac{1}{2}\begin{pmatrix} -1 \\ 1 \end{pmatrix}$

   c) $\begin{pmatrix} 1 \\ 2 \end{pmatrix} = \begin{pmatrix} 0 \\ 2 \end{pmatrix} + \begin{pmatrix} 1 \\ 0 \end{pmatrix} = \frac{3}{2}\begin{pmatrix} 1 \\ 1 \end{pmatrix} + \frac{1}{2}\begin{pmatrix} -1 \\ 1 \end{pmatrix}$

2. $\begin{pmatrix} 2 \\ 1 \end{pmatrix} = k_1 \begin{pmatrix} 1 \\ 2 \end{pmatrix} + k_2 \begin{pmatrix} 1 \\ 1 \end{pmatrix}$ führt auf das Gleichungssystem $\begin{matrix} k_1 + k_2 = 2 \\ 2k_1 + k_2 = 1 \end{matrix}$

   mit den Lösungen $k_1 = -1$, $k_2 = 3$

S. 37 3. Einige der Möglichkeiten:

$\begin{pmatrix} 2 \\ 1 \end{pmatrix} = 1 \begin{pmatrix} 1 \\ 0 \end{pmatrix} + 1 \begin{pmatrix} 1 \\ 1 \end{pmatrix} + 0 \begin{pmatrix} -1 \\ 1 \end{pmatrix}$; $\begin{pmatrix} 2 \\ 1 \end{pmatrix} = 3 \begin{pmatrix} 1 \\ 0 \end{pmatrix} + 0 \begin{pmatrix} 1 \\ 1 \end{pmatrix} + 1 \begin{pmatrix} -1 \\ 1 \end{pmatrix}$

$\begin{pmatrix} 2 \\ 1 \end{pmatrix} = 0 \begin{pmatrix} 1 \\ 0 \end{pmatrix} + \frac{3}{2}\begin{pmatrix} 1 \\ 1 \end{pmatrix} - \frac{1}{2}\begin{pmatrix} -1 \\ 1 \end{pmatrix}$

4. a) $\begin{pmatrix} -1 \\ 5 \\ 1 \end{pmatrix} = -1 \begin{pmatrix} 1 \\ 0 \\ -1 \end{pmatrix} + 5 \begin{pmatrix} 0 \\ 1 \\ 0 \end{pmatrix}$ b) $\begin{pmatrix} 0 \\ 1 \\ 0 \end{pmatrix} = 0 \begin{pmatrix} 1 \\ 0 \\ -1 \end{pmatrix} + 1 \begin{pmatrix} 0 \\ 1 \\ 0 \end{pmatrix}$

c) $\begin{pmatrix} 2 \\ 0 \\ -2 \end{pmatrix} = 2 \begin{pmatrix} 1 \\ 0 \\ -1 \end{pmatrix} + 0 \begin{pmatrix} 0 \\ 1 \\ 0 \end{pmatrix}$

d) $\begin{pmatrix} 1 \\ 1 \\ 1 \end{pmatrix}$ ist nicht Linearkombination von $\begin{pmatrix} 1 \\ 0 \\ -1 \end{pmatrix}$ und $\begin{pmatrix} 0 \\ 1 \\ 0 \end{pmatrix}$ denn

$\begin{pmatrix} 1 \\ 1 \\ 1 \end{pmatrix} \neq \begin{pmatrix} k_1 \\ k_2 \\ -k_1 \end{pmatrix} = k_1 \begin{pmatrix} 1 \\ 0 \\ -1 \end{pmatrix} + k_2 \begin{pmatrix} 0 \\ 1 \\ 0 \end{pmatrix}$

2.2.   S. 38

1. Ansatz: $\begin{pmatrix} x_1 \\ x_2 \end{pmatrix} = k_1 \begin{pmatrix} 1 \\ 1 \end{pmatrix} + k_2 \begin{pmatrix} 2 \\ 2 \end{pmatrix} = \begin{pmatrix} k_1 + 2k_2 \\ k_1 + 2k_2 \end{pmatrix}$ Hierbei existieren k_1, k_2 nur, falls $x_1 = x_2$, also nicht für jeden beliebigen Vektor $\begin{pmatrix} x_1 \\ x_2 \end{pmatrix} \in \mathbb{R}^2$.

2. a) $\left\{ \begin{pmatrix} 1 \\ 0 \\ 0 \end{pmatrix}, \begin{pmatrix} 0 \\ 0 \\ 1 \end{pmatrix} \right\}$ b) $\left\{ \begin{pmatrix} 1 \\ -1 \\ 0 \end{pmatrix}, \begin{pmatrix} 0 \\ 0 \\ 1 \end{pmatrix} \right\}$

3. a) $k_1 = x_1 - x_2$, $k_2 = x_2$
   b) Da sich jeder beliebige Vektor des $\mathbb{R}^2$ als Linearkombination der Vektoren $\begin{pmatrix} 1 \\ 0 \end{pmatrix}, \begin{pmatrix} 1 \\ 1 \end{pmatrix}$ darstellen läßt, bilden diese ein Erzeugensystem des $\mathbb{R}^2$.

2.3.   S. 41

1. a) $\begin{pmatrix} 1 \\ 1 \end{pmatrix} + \begin{pmatrix} -1 \\ 1 \end{pmatrix} - \begin{pmatrix} 0 \\ 2 \end{pmatrix} = \begin{pmatrix} 0 \\ 0 \end{pmatrix}$ b) $2 \begin{pmatrix} -1 \\ 1 \end{pmatrix} + \begin{pmatrix} 2 \\ -2 \end{pmatrix} = \begin{pmatrix} 0 \\ 0 \end{pmatrix}$

   c) $a \begin{pmatrix} 1 \\ 0 \end{pmatrix} + b \begin{pmatrix} 0 \\ 1 \end{pmatrix} - \begin{pmatrix} a \\ b \end{pmatrix} = \begin{pmatrix} 0 \\ 0 \end{pmatrix}$ d) $- \begin{pmatrix} 1 \\ 0 \end{pmatrix} + 3 \begin{pmatrix} 1 \\ 1 \end{pmatrix} - \begin{pmatrix} 2 \\ 3 \end{pmatrix} = \begin{pmatrix} 0 \\ 0 \end{pmatrix}$

2. $(x+1)^2 - (x^2 + 1) - 2 \cdot x = o(x)$

3. Der Ansatz $\begin{pmatrix} 1 \\ 2 \\ k \end{pmatrix} = m \begin{pmatrix} l \\ 3 \\ -1 \end{pmatrix}$ liefert $m = \frac{2}{3}$, also $l = \frac{3}{2}$ und $k = -\frac{2}{3}$.

4. Der Ansatz $k_1 \begin{pmatrix} 1 \\ 0 \\ 0 \end{pmatrix} + k_2 \begin{pmatrix} 1 \\ 1 \\ 0 \end{pmatrix} + k_3 \begin{pmatrix} 1 \\ 1 \\ 1 \end{pmatrix} = \begin{pmatrix} 0 \\ 0 \\ 0 \end{pmatrix}$ führt auf das Gleichungssystem   S. 42

   $k_1 + k_2 + k_3 = 0$
   $k_2 + k_3 = 0$
   $k_3 = 0$

   mit den Lösungen $k_1 = k_2 = k_3 = 0$. Hieraus folgt die behauptete lineare Unabhängigkeit. Jede Teilmenge dieser Vektoren ist dann wiederum linear unabhängig. Der Nachweis der linearen Unabhängigkeit der beiden angegebenen Vektoren kann auch über die Tatsache erfolgen, daß die beiden Vektoren nicht Vielfache voneinander sind, oder durch einen Rechenansatz analog zum obigen.

5. Der Ansatz $k_1 x + k_2 \sin x = o(x)$ liefert für $x = \pi$ sofort $k_1 = 0$ sowie für $x = \frac{\pi}{2}$ mit $k_1 = 0$ auch $k_2 = 0$, also die behauptete lineare Unabhängigkeit der beiden Funktionen.

S. 46 | 2.4.

1. Da dim $\mathbb{R}^3 = 3$ kann es sich bei den Fällen a) und c) nicht um Basen handeln. Die Vektoren in Teilaufgabe b) bilden hingegen nach Satz 2.4. eine Basis, da sie linear unabhängig sind (vgl. Aufgabe 4 zu 2.3.).

2. In den Ansatz $\begin{pmatrix} x_1 \\ x_2 \end{pmatrix} = x_1 \begin{pmatrix} 1 \\ 0 \end{pmatrix} + x_2 \begin{pmatrix} 0 \\ 1 \end{pmatrix} + 0 \begin{pmatrix} 1 \\ 1 \end{pmatrix}$ wird $\begin{pmatrix} 0 \\ 1 \end{pmatrix} = \begin{pmatrix} 1 \\ 1 \end{pmatrix} - \begin{pmatrix} 1 \\ 0 \end{pmatrix}$ eingesetzt. Dann folgt

$$\begin{pmatrix} x_1 \\ x_2 \end{pmatrix} = x_1 \begin{pmatrix} 1 \\ 0 \end{pmatrix} + x_2 \left[\begin{pmatrix} 1 \\ 1 \end{pmatrix} - \begin{pmatrix} 1 \\ 0 \end{pmatrix} \right] + 0 \begin{pmatrix} 1 \\ 1 \end{pmatrix} = (x_1 - x_2) \begin{pmatrix} 1 \\ 0 \end{pmatrix} + x_2 \begin{pmatrix} 1 \\ 1 \end{pmatrix}$$

Da die beiden Vektoren $\begin{pmatrix} 1 \\ 0 \end{pmatrix}, \begin{pmatrix} 1 \\ 1 \end{pmatrix}$ linear unabhängig sind, bilden sie eine Basis des $\mathbb{R}^2$ und sind damit natürlich Erzeugendensystem.

3. $\vec{v}_1$ und $\vec{v}_2$ müssen linear unabhängig sein, dann bilden sie eine Basis und jeder Vektor ist als Linearkombination von ihnen darstellbar. Dies ist für $a \neq 4$ der Fall. Für $a = 4$ ist $\vec{w}$ nicht Linearkombination von $\vec{v}_1, \vec{v}_2$, da $\vec{w}$ nicht Vielfaches von $\vec{v}_1$ ist.

4. Zum Beispiel $\left\{ \begin{pmatrix} a \\ 0 \end{pmatrix} \,\middle|\, a \in \mathbb{R} \right\}$, $\left\{ \begin{pmatrix} a \\ 0 \\ 0 \end{pmatrix} \,\middle|\, a \in \mathbb{R} \right\}$, $\{ ax^2 \mid a \in \mathbb{R} \}$, $\{ ax^3 + bx^2 + cx + d \mid a, b, c, d \in \mathbb{R} \}$

5. $x, x^2, x^3, \ldots$ liefern unendlich viele differenzierbare, linear unabhängige Funktionen. Es liegt also keine endliche Dimension vor.

S. 50 | 2.5.

1. a) 1, −2, 2   b) 1, 1, 1   c) −1, −1, 3   d) 0, 1, 0
   In den Fällen b) und d) kann man die Lösung direkt „sehen".

2. a) 0, 1, −1   b) 0, 1, 0   c) 1, 0, 1   d) 1, 3, −6
   Für d) empfiehlt sich der Ansatz $k(x^2 - 1) + l(x + 1) + m \cdot 1 = x^2 + 3x - 4$ welcher auf ein Gleichungssystem für k, l, m führt.

3. $\sin\left(x + \frac{\pi}{2}\right) = \sin x \cos \frac{\pi}{2} + \cos x \sin \frac{\pi}{2} = 0 \sin x + 1 \cos x$. Die Koordinatenspalte lautet also $\begin{pmatrix} 0 \\ 1 \end{pmatrix}$. Dies ist eine Schreibweise der bekannten Identität $\sin\left(x + \frac{\pi}{2}\right) = \cos x$.

2.6.

1. a) $\vec{v}_B = \begin{pmatrix} 2 \\ -1 \\ 0 \end{pmatrix}$ b) $\vec{v}_B = \frac{1}{17}\begin{pmatrix} 11 \\ 7 \\ -6 \end{pmatrix}$ c) $\vec{v}_B = \frac{1}{2}\begin{pmatrix} 2 \\ 1 \\ -2 \end{pmatrix}$

2. Die Vektoren sind
   a) linear unabhängig
   b) linear abhängig
   c) linear abhängig
   d) linear unabhängig

3. a) $x_1 = 2$, $x_2 = 0$, $x_3 = 1$
   b) Es existiert keine Lösung
   c) Es gibt unendlich viele Lösungen: $x_1 = 2 - k$, $x_2 = -3 - 3k$, $x_3 = k$
      mit $k \in \mathbb{R}$.*

   * Anmerkung: In der 1. Auflage des Lehrbuches lautet die rechte Seite des Systems: $\begin{matrix} -7 \\ 17 \\ -8 \end{matrix}$. Dann existiert keine Lösung.

4. a) keine Basis; $\vec{u}$ läßt sich nicht durch die Vektoren $\vec{v}_1, \vec{v}_2, \vec{v}_3$ linear kombinieren.
   b) keine Basis; $\vec{u}$ läßt sich folgendermaßen darstellen:
      $\vec{u} = (r - 5)\vec{v}_1 + (-2r + 3)\vec{v}_2 + r\vec{v}_3$ für beliebiges $r \in \mathbb{R}$.
   c) keine Basis; $\vec{u}$ läßt sich folgendermaßen darstellen:
      $\vec{u} = s\vec{v}_1 + (s - 1)\vec{v}_2 + (1 - 2s)\vec{v}_3$ für beliebiges $s \in \mathbb{R}$.

5. Es handelt sich um eine Basis; $\vec{a}_B = \frac{1}{2}\begin{pmatrix} 1 \\ 1 \\ 2 \end{pmatrix}$, $\vec{b}_B = \begin{pmatrix} -1 \\ 1 \\ -1 \end{pmatrix}$

6. a) Für $k = 2$ hat das Gleichungssystem keine Lösung. Für $k \neq 2$ lautet die Lösung
   $$x_1 = \frac{3 - 2k}{4 - 2k}, \quad x_2 = \frac{-3}{4 - 2k}, \quad x_3 = \frac{1}{2 - k}$$

   b) Für $k = 2$ sind die Spalten des Gleichungssystems $\vec{s}_1 = \begin{pmatrix} 2 \\ 0 \\ 1 \end{pmatrix}$, $\vec{s}_2 = \begin{pmatrix} 0 \\ 2 \\ 1 \end{pmatrix}$,
   $\vec{s}_3 = \begin{pmatrix} 1 \\ 3 \\ k \end{pmatrix}$ linear abhängig, andernfalls linear unabhängig, bilden also eine Basis
   des $\mathbb{R}^3$. Bezüglich dieser Basis hat der Vektor $\begin{pmatrix} 2 \\ 0 \\ 0 \end{pmatrix}$ die Koordinaten x_1, x_2, x_3.

7. Die Spalten des Gleichungssystems müssen linear unabhängig sein, also eine Basis des $\mathbb{R}^n$ bilden. Dann läßt sich die rechte Seite des Gleichungssystems eindeutig aus den Vektoren dieser Basis linear kombinieren.

S. 63 | 2.6.3.

b) Ein biologisches Problem

1. Matrix: Der Zielvektor $\begin{pmatrix} 0,8 \\ 0,1 \\ 0,1 \end{pmatrix}$ ergibt sich bei *beliebigem* Startvektor schon nach der ersten Iteration.

2. Matrix: Der Zielvektor $\begin{pmatrix} 0,700 \\ 0,182 \\ 0,118 \end{pmatrix}$ ergibt sich nach maximal 4 Iterationen.

3. Matrix: Der Zielvektor $\begin{pmatrix} 0,333 \\ 0,333 \\ 0,333 \end{pmatrix}$ erfordert bei Startvektor $\begin{pmatrix} 1 \\ 0 \\ 0 \end{pmatrix}$ 17 Iterationen.

S. 66   c) Ein Problem aus der Physik
Mögliche Wahl der Maschen: $y_1 : 146$; $y_2 : 152$; $y_3 : 543$

Gleichungssystem zur $\quad R_1(y_1+y_2) + R_4(y_1+y_3) + R_6 y_1 \qquad\quad = e$
Bestimmung der $\qquad\quad R_1(y_1+y_2) + R_2 y_2 \qquad\quad + R_5(y_2-y_3) = e$
Maschenumlaufströme: $\quad R_3 y_3 \qquad\quad + R_4(y_1+y_3) - R_5(y_2-y_3) = 0$

Unter Benützung der Angabe $e = 1\,V$, $R_i = 1\,\Omega$ ergeben sich als Lösungen $y_1 = y_2 = 0,25\,A$, $y_3 = 0\,A$ und damit die Zweigströme $I_1 = 0,5\,A$, $I_3 = 0\,A$, $I_2 = I_4 = I_5 = I_6 = 0,25\,A$.

S. 73 | 2.7.

1. a) Entwicklung nach der 3. Spalte: $D_1 = -\begin{vmatrix} 2 & 4 \\ -1 & 3 \end{vmatrix} = -10$

b) z. B. 1. Zeile: $D_1 = 2\begin{vmatrix} -2 & 1 \\ 3 & 0 \end{vmatrix} - 4\begin{vmatrix} 1 & 1 \\ -1 & 0 \end{vmatrix} = -6 - 4 = -10$

c) z. B. 1. Zeile - 2. Zeile: $-2\begin{vmatrix} 4 & 0 \\ 3 & 0 \end{vmatrix} + 4\begin{vmatrix} 2 & 0 \\ -1 & 0 \end{vmatrix} - 0\begin{vmatrix} 2 & 4 \\ -1 & 3 \end{vmatrix} = 0$

d) $D_2 = 2D_1 = -20$ (Satz 2.7.(1)); $D_3 = (-3)^3 D_1 = 270$ (Satz 2.7.(1));
$D_4 = -D_1$ (Satz 2.7.(4)); $D_5 = D_1$ (Satz 2.7.(3))

S. 74 2. a) 0,   b) −2,   c) 0,   d) −156,   e) abc

3. a) z. B. $\vec{s}_2 = \begin{pmatrix} 2 \\ 3 \\ 4 \end{pmatrix}$ oder $\vec{s}_2 = \begin{pmatrix} 0 \\ 0 \\ 0 \end{pmatrix}$ b) z. B. $\vec{s}_1 = \begin{pmatrix} 6 \\ 9 \\ 3 \end{pmatrix}$

3. c) z.B. $\vec{z}_3 = (\frac{1}{2}, \frac{3}{2}, 2)$ S. 74

d) Der Wert der Determinante ist 1, unabhängig von den Leerstellen.

4. a) $D = \begin{vmatrix} 2 & -3 \\ 1 & -1 \end{vmatrix} = 1 \neq 0$ System eindeutig lösbar; $x_1 = 10$, $x_2 = 5$

b) $D = \begin{vmatrix} -2 & 1 \\ -4 & 2 \end{vmatrix} = 0$, $D_1 = \begin{vmatrix} 5 & 1 \\ 6 & 2 \end{vmatrix} = 4 \neq 0$ System nicht lösbar

c) $D = \begin{vmatrix} 1 & 2 \\ 2 & 4 \end{vmatrix} = 0$, $D_1 = \begin{vmatrix} 2 & 2 \\ 4 & 4 \end{vmatrix} = 0$, $D_2 = \begin{vmatrix} 1 & 2 \\ 2 & 4 \end{vmatrix} = 0$

System hat unendlich viele Lösungen $x_1 = 2 - 2r$, $x_2 = r$ mit $r \in \mathbb{R}$

d) $D = \begin{vmatrix} \frac{3}{4} & \frac{1}{3} \\ \frac{1}{2} & \frac{2}{9} \end{vmatrix} = 0$, $D_1 = \begin{vmatrix} \frac{2}{5} & \frac{1}{3} \\ \frac{4}{15} & \frac{2}{9} \end{vmatrix} = 0$, $D_2 = \begin{vmatrix} \frac{3}{4} & \frac{2}{5} \\ \frac{1}{2} & \frac{4}{15} \end{vmatrix} = 0$

System hat unendlich viele Lösungen $x_1 = \frac{8}{15} - \frac{4}{9}r$, $x_2 = r$ mit $r \in \mathbb{R}$

5. a) $D = \begin{vmatrix} 1 & 3 & 2 \\ 2 & 1 & 1 \\ 1 & -2 & -1 \end{vmatrix} = \begin{vmatrix} 1 & 3 & 2 \\ 0 & -5 & -3 \\ 0 & -5 & -3 \end{vmatrix} = 0$, $D_1 = \begin{vmatrix} 1 & 3 & 2 \\ 0 & 1 & 1 \\ 2 & -2 & -1 \end{vmatrix} = \begin{vmatrix} 1 & 3 & 2 \\ 0 & 1 & 1 \\ 0 & -8 & -5 \end{vmatrix} = 3 \neq 0$

System nicht lösbar

b) $D = \begin{vmatrix} 1 & 3 & 4 \\ 0 & 2 & 5 \\ 2 & 1 & 3 \end{vmatrix} = \begin{vmatrix} 1 & 3 & 4 \\ 0 & 2 & 5 \\ 0 & -5 & -5 \end{vmatrix} = 15 \neq 0$

System eindeutig lösbar; $x_1 = 1$, $x_2 = 3$, $x_3 = -1$

c) $D = \begin{vmatrix} 1 & -1 & 0 \\ 1 & -1 & 1 \\ 1 & -1 & -1 \end{vmatrix} = 0$, $D_1 = \begin{vmatrix} 1 & -1 & 0 \\ 2 & -1 & 1 \\ 0 & -1 & -1 \end{vmatrix} = \begin{vmatrix} 1 & 0 & 0 \\ 2 & 1 & 1 \\ 0 & -1 & -1 \end{vmatrix} = 0$,

$D_2 = \begin{vmatrix} 1 & 1 & 0 \\ 1 & 2 & 1 \\ 1 & 0 & -1 \end{vmatrix} = \begin{vmatrix} 1 & 0 & 0 \\ 1 & 1 & 1 \\ 1 & -1 & -1 \end{vmatrix} = 0$, $D_3 = \begin{vmatrix} 1 & -1 & 1 \\ 1 & -1 & 2 \\ 1 & -1 & 0 \end{vmatrix} = 0$

System hat unendlich viele Lösungen $x_1 = r + 1$, $x_2 = r$, $x_3 = 1$ mit $r \in \mathbb{R}$.

6. a) $\begin{vmatrix} 2 & 1 & 1 \\ 0 & 2 & 0 \\ 8 & 3 & 4 \end{vmatrix} = 0$;   Vektoren linear abhängig $(\vec{s}_1 = 2\vec{s}_3)$

b) $\begin{vmatrix} 1 & 0 & 3 \\ 3 & 2 & 4 \\ 2 & 2 & 7 \end{vmatrix} = \begin{vmatrix} 1 & 0 & 3 \\ 1 & 0 & -3 \\ 2 & 2 & 7 \end{vmatrix} = 12 \neq 0$;   Vektoren linear unabhängig

c) $\begin{vmatrix} 5 & -2 & 3 \\ \sqrt{2} & 3 & 1 \\ 1 & 0 & 2 \end{vmatrix} = \begin{vmatrix} 5 & -2 & -7 \\ \sqrt{2} & 3 & 1 - 2\sqrt{2} \\ 1 & 0 & 0 \end{vmatrix} = 4\sqrt{2} + 19 \neq 0$;

Vektoren linear unabhängig

11

S. 74 7. $\begin{vmatrix} 1 & r & 0 \\ 0 & 1 & 1 \\ 4r & 2r & r \end{vmatrix} = \begin{vmatrix} 1 & r & 0 \\ 0 & 0 & 1 \\ 4r & r & r \end{vmatrix} = 4r^2 - r \neq 0$, also $r \neq 0$ und $r \neq \frac{1}{4}$

8. $D = \begin{vmatrix} 1 & 0 & 2 \\ 1 & 3 & 1 \\ 2 & -3 & a \end{vmatrix} = \begin{vmatrix} 1 & 0 & 2 \\ 3 & 0 & 1+a \\ 2 & -3 & a \end{vmatrix} = 3(a-5)$

a) Für $a \neq 5$ ist $D \neq 0$; das System hat genau eine Lösung.

$\left(x_1 = 1 - \frac{2(b-2)}{a-5}, \quad x_2 = \frac{(b-2)(a-4)}{3(a-5)} + \frac{1}{3}, \quad x_3 = \frac{b-2}{a-5} \right)$

b) Für $a = 5$ untersuchen wir D_1, D_2, D_3.

$D_1 = 6(2-b) \neq 0$ für $b \neq 2$

Für $b \neq 2$ und $a = 5$ hat das System keine Lösung.

Für $b = 2$ und $a = 5$ sind auch D_2 und D_3 gleich 0 und das System hat unendlich viele Lösungen. ($x_1 = 1 - 2r$, $x_2 = \frac{1}{3}(1+r)$, $x_3 = r$ mit $r \in \mathbb{R}$)

9. $D = \begin{vmatrix} 2-t & 3 & 6 \\ 3 & 2-t & -6 \\ -6 & -6 & 11-t \end{vmatrix} = \begin{vmatrix} 2-t & 3 & 6 \\ 3 & 2-t & -6 \\ 0 & -2(t+1) & -(t+1) \end{vmatrix} = \begin{vmatrix} 2-t & -9 & 6 \\ 3 & 14-t & -6 \\ 0 & 0 & -(t+1) \end{vmatrix} =$

$= -(t+1)(t-11)(t-5)$

Für $t \in \mathbb{R} \setminus \{-1, 5, 11\}$ ist $D \neq 0$ und das System ist eindeutig lösbar.

$\left(\text{Die Cramersche Regel liefert} \quad x_1 = \frac{-(t-23)}{(t-5)(t-11)}, \quad x_2 = \frac{-(t+1)}{(t-5)(t-11)}, \right.$

$\left. x_3 = \frac{2(t+1)}{(t-5)(t-11)} \right)$

Für $t = -1$ sind $D_1 = D_2 = D_3 = 0$ und das System hat unendlich viele Lösungen. ($x_1 = r$, $x_2 = \frac{1}{3} - r$, $x_3 = 0$ mit $r \in \mathbb{R}$)

Für $t = 5$ oder $t = 11$ ist $D_1 \neq 0$ und das System hat keine Lösung.

10. $D = \begin{vmatrix} a & b \\ -b & a \end{vmatrix} = a^2 + b^2 \neq 0$ für $a, b \neq 0$

11. Für eine dreireihige Determinante D gelte $D = \det(k\vec{u}, \vec{u}, \vec{v})$.

a) Dann gilt $D = \det(k\vec{u} - k\vec{u}, \vec{u}, \vec{v}) = \det(\vec{o}, \vec{u}, \vec{v}) = 0$ unter Benutzung von (5) und (2).

b) Dann gilt $D = k \cdot \det(\vec{u}, \vec{u}, \vec{v}) = -k \cdot \det(\vec{u}, \vec{u}, \vec{v})$ unter Benutzung von (1) und (4). Dies bedeutet $D = -D$ und damit $D = 0$.

Für andere Spalten oder Zeilen verläuft der Nachweis analog.

3.1., 3.2.   S. 80

1. a)

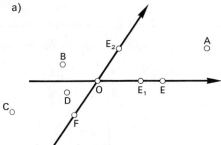

b) $\vec{AB} = \begin{pmatrix} -3 \\ -\frac{1}{2} \end{pmatrix}$; $\vec{CD} = \begin{pmatrix} 1 \\ \frac{2}{3} \end{pmatrix}$; $\vec{CF} = \begin{pmatrix} \frac{3}{2} \\ 0 \end{pmatrix}$

2. a)

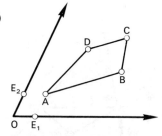

b) $\vec{AB} = \begin{pmatrix} 3 \\ 1 \end{pmatrix}$; $\vec{DC} = \begin{pmatrix} 1,5 \\ 0,5 \end{pmatrix}$ also $\vec{AB} = 2\,\vec{DC}$. Das Viereck ABCD ist ein Trapez.

c) $\vec{AC} = \begin{pmatrix} 2,5 \\ 2,5 \end{pmatrix}$; $\vec{BD} = \begin{pmatrix} -2 \\ 1 \end{pmatrix}$

3. a)

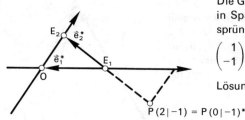

Die Gleichung $\vec{O^*P} = x_1 \vec{e_1}^* + x_2 \vec{e_2}^*$ lautet in Spaltendarstellung bezüglich der ursprünglichen Basis

$$\begin{pmatrix} 1 \\ -1 \end{pmatrix} = x_1 \begin{pmatrix} -1 \\ 0 \end{pmatrix} + x_2 \begin{pmatrix} -1 \\ 1 \end{pmatrix}.$$

Lösungen: $x_1 = 0$, $x_2 = -1$, also $P(0|-1)^*$.

$P(2|-1) = P(0|-1)^*$

b) $E_1(0|0)^*$, $E_2(0|1)^*$

3.3.   S. 83

1. Es liegt kein Parallelogramm vor.

2. $D(0|0)$

S. 83 3. a) Möglicher Ansatz: $\vec{AX} + \vec{XS} + \vec{SY} + \vec{YA} = \vec{o}$ mit $\vec{XS} = k\vec{XC}$ und $\vec{SY} = l\vec{BY}$.

Die sich ergebende Vektorgleichung $\left(-\frac{k}{3} - l + \frac{1}{3}\right)\vec{u} + \left(k + \frac{l}{3} - \frac{1}{3}\right)\vec{v} = \vec{o}$ führt

aufgrund der linearen Unabhängigkeit von $\vec{u}, \vec{v}$ auf ein Gleichungssystem für k, l mit den Lösungen $k = l = \frac{1}{4}$. Aus $\vec{AS} = \vec{AX} + \vec{XS} = \frac{1}{3}\vec{AB} + \frac{1}{4}\vec{XC}$ errechnet

sich schließlich $\vec{AS} = \frac{1}{4}\vec{u} + \frac{1}{4}\vec{v}$.

b) $\vec{AM} = \vec{AB} + \frac{1}{2}\vec{BC} = \frac{1}{2}(\vec{u} + \vec{v}) = 2\vec{AS}$, also liegen A, S, M auf einer Geraden.

c) $S(\frac{1}{4} | \frac{1}{4})$

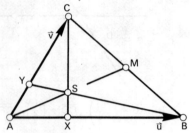

S. 84 4. a) $\vec{AC} = \vec{AD} + \vec{DC} = \vec{v} + \frac{1}{2}\vec{u}$

b) Ansatz $\vec{AB} + \vec{BP} + \vec{PA} = \vec{o}$ mit $\vec{AP} = k\vec{AD}$ und $\vec{BP} = l\vec{BC}$ liefert $k = l = 2$, also $\vec{AP} = 2\vec{v}$

c) Ansatz $\vec{AB} + \vec{BS} + \vec{SA} = \vec{o}$ mit $\vec{AS} = k\vec{AC}$ und $\vec{BS} = l\vec{BD}$ liefert $k = l = \frac{2}{3}$, also $\vec{AS} = \frac{1}{3}\vec{u} + \frac{2}{3}\vec{v}$

d) $P(0|2)$, $S(\frac{1}{3} | \frac{2}{3})$

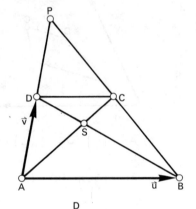

5. a) $\vec{AS} = \frac{1}{3}(\vec{u} + \vec{v} + \vec{w})$

b) Da P in der Ebene ACD liegt, kann man ansetzen $\vec{AP} = r\vec{AC} + s\vec{AD}$. Ansatz $\vec{AM} + \vec{MP} + \vec{PA} = \vec{o}$ mit $\vec{MP} = t\vec{MN}$ liefert wegen der linearen Unabhängigkeit von $\vec{u}, \vec{v}, \vec{w}$ ein Gleichungssystem für r, s, t mit den Lösungen $r = s = \frac{1}{4}$, $t = \frac{3}{2}$.

c) $\vec{AS'} = \frac{1}{3}(\vec{u} + \vec{w})$

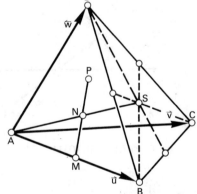

6. Ansatz $\vec{AB} + \vec{BS} + \vec{SA} = \vec{o}$ mit $\vec{BS} = k\vec{BH} = k(-\vec{u} + \vec{v} + \vec{w})$ und $\vec{AS} = l\vec{AG} = l(\vec{u} + \vec{v} + \vec{w})$ führt auf die Vektorgleichung $(1 - k - l)\vec{u} + (k - l)\vec{v} + (k - l)\vec{w} = \vec{o}$. Wegen der linearen Unabhängigkeit von $\vec{u}, \vec{v}, \vec{w}$ erhält man ein Gleichungssystem für k, l mit den Lösungen $k = l = \frac{1}{2}$.

| 3.4. | S. 87 |

1. Zum Beispiel P(0|0), Q(4|3), R(2|2)

2. a) $\vec{AC} = \begin{pmatrix} 1 \\ 1 \end{pmatrix}$, $\vec{AB} = \begin{pmatrix} -2 \\ -2 \end{pmatrix}$, also $\vec{AC} = -\frac{1}{2}\vec{AB}$; $\vec{CB} = \begin{pmatrix} -3 \\ -3 \end{pmatrix}$, also $\vec{AC} = -\frac{1}{3}\vec{CB}$

   und TV(ABC) = $-\frac{1}{3}$

   b) z.B. t = 1, $\vec{d} = \frac{1}{1+t}(\vec{a} + t\vec{b}) = \frac{1}{2}\left[\begin{pmatrix} 2 \\ 1 \end{pmatrix} + \begin{pmatrix} 0 \\ -1 \end{pmatrix}\right] = \begin{pmatrix} 1 \\ 0 \end{pmatrix}$

   c) $t = \frac{1}{3}\left[\begin{pmatrix} 2 \\ 1 \end{pmatrix} + 2\begin{pmatrix} 0 \\ -1 \end{pmatrix}\right] = \frac{1}{3}\begin{pmatrix} 2 \\ -1 \end{pmatrix}$, also $T\left(\frac{2}{3}\Big|-\frac{1}{3}\right)$

3. a) TV(ADP) = -2; TV(ACS) = 2; TV(BDS) = 2

   b) $\vec{MP} = \frac{3}{2}\vec{MN}$ bzw. $\vec{MN} = \frac{2}{3}\vec{MP}$, also $\vec{NP} = \frac{1}{3}\vec{MP}$ und hiermit $\vec{MN} = 2\vec{NP}$ bzw. TV(MPN) = 2.

4. a) $\vec{AF} = \frac{1}{2}\vec{v}$ und $\vec{EF} = \frac{1}{2}(\vec{v} - \vec{u})$ nach dem Strahlensatz oder mit Ansatz $\vec{AE} + \vec{EF} +$
   $+ \vec{FA} = \vec{o}$ mit $\vec{EF} = k\vec{BC}$ und $\vec{AF} = l\vec{AC}$.

   b) Ansatz $\vec{AT} + \vec{TB} + \vec{BA} = \vec{o}$ mit $\vec{AT} = k\vec{AS}$ und $\vec{TB} = l\vec{CB}$. Die Lösungen des sich ergebenden Gleichungssystems sind k = 2 und l = $\frac{2}{3}$ woraus folgt TV(BCT) = 2 = TV(EFS), was sich auch durch zweimalige Anwendung des Strahlensatzes zeigen läßt.

| 3.5.1. | S.92 |

1. a) $\vec{x} = \begin{pmatrix} 2 \\ 1 \end{pmatrix} + k\begin{pmatrix} -2 \\ -2 \end{pmatrix}$ b) $\vec{x} = \begin{pmatrix} 2 \\ 1 \end{pmatrix} + l\begin{pmatrix} 1 \\ 1 \end{pmatrix}$; $\vec{x} = \begin{pmatrix} 0 \\ -1 \end{pmatrix} + m\begin{pmatrix} 1 \\ 1 \end{pmatrix}$

   c) $\vec{x} = r\begin{pmatrix} 1 \\ 1 \end{pmatrix}$

2. a) $\vec{x} = k\begin{pmatrix} 1 \\ 3 \end{pmatrix}$ b) E ∈ g; F ∉ g; G ∉ g; H ∈ g   S. 93

   c) Nein. Richtig wäre der folgende Satz: Eine Gerade mit Parameterdarstellung $\vec{x} = \vec{a} + k\vec{u}$ ist genau dann Ursprungsgerade, wenn die Vektoren $\vec{a}$ und $\vec{u}$ linear abhängig sind.

3. a) $\vec{x} = \begin{pmatrix} 4 \\ -2 \\ 1 \end{pmatrix} + k\begin{pmatrix} 21 \\ -12 \\ 4 \end{pmatrix}$ b) z.B. P(0|0|0) c) Q ∉ h d) $\vec{x} = l\begin{pmatrix} 21 \\ -12 \\ 4 \end{pmatrix}$

S. 93 4. a) $\vec{x} = \begin{pmatrix} 1 \\ 3 \\ 2 \end{pmatrix} + k \begin{pmatrix} 4 \\ -5 \\ 0 \end{pmatrix}$ b) $c_1 = 9$ c) $TV(ABC) = -2$

5. a) $\vec{x} = \begin{pmatrix} \frac{1}{2} \\ \frac{1}{4} \end{pmatrix} + k \begin{pmatrix} -10 \\ 9 \end{pmatrix}$ b) $\vec{x} = l \begin{pmatrix} -10 \\ 9 \end{pmatrix}$

   c) $g: 9x_1 + 10x_2 - 7 = 0$, $p: 9x_1 + 10x_2 = 0$

6. a) $6x_1 - x_2 - 2 = 0$ b) $6x_1 - x_2 - 23 = 0$

7. a) $\vec{x} = \begin{pmatrix} -\frac{7}{2} \\ 0 \end{pmatrix} + k \begin{pmatrix} 3 \\ 2 \end{pmatrix}$ b) $3x_1 + 2x_2 + 4 = 0$

S. 101 3.5.2.

1. a) $S_{12} = (\frac{9}{4} | -\frac{1}{2})$, $S_{13} = (\frac{15}{7} | -\frac{5}{7})$, $S_{23} = (2 | 0)$
   b) $S_{12} = (5 | -2 | 10)$, g_1 und g_3 windschief, g_2 und g_3 parallel
   c) $S_{12} = (2 | \frac{3}{2} | \frac{9}{2})$, g_3 ist windschief zu g_1 und zu g_2

2. $g: \vec{x} = \begin{pmatrix} 2 \\ -3 \\ 0 \end{pmatrix} + k \begin{pmatrix} 1 \\ 1 \\ 1 \end{pmatrix}$ a) z. B. $p: \vec{x} = r \begin{pmatrix} 1 \\ 1 \\ 1 \end{pmatrix}$ b) z. B. $w: \vec{x} = s \begin{pmatrix} 1 \\ 0 \\ 0 \end{pmatrix}$

3. Das von den beiden Geradengleichungen gebildete Gleichungssystem hat im Fall a) keine Lösung, im Fall b) unendlich viele Lösungen. Dies läßt sich auch direkt durch Vergleich der Koeffizienten der Gleichungen erkennen.

4. a) $\vec{x} = r \begin{pmatrix} 4 \\ 2 \\ -1 \end{pmatrix}$ b) $\vec{x} = s \begin{pmatrix} 2 \\ -1 \end{pmatrix}$ c) $5x_2 - 3x_1 = 0$

5. a) $S_{12} = (4 | \frac{3}{2})$, $g_1 \| g_3$, $S_{23} = (4 | 0)$
   b) $S_{12} = (\frac{5}{2} | \frac{3}{2})$, $g_1 \| g_3$, $S_{23} = (\frac{3}{8} | -\frac{5}{8})$

6. Gleichung für k: $(1 - k) + k - 1 = 0$. Also erfüllt der Ortsvektor $\vec{x}$ eines Punktes von h für jedes $k \in \mathbb{R}$ die Geradengleichung von g.

7. a) Die Richtungsvektoren der Geraden sowie der Differenzvektor der Antragsvektoren sind Vielfache des Vektors $\begin{pmatrix} 3 \\ 0 \\ -5 \end{pmatrix}$ woraus die lineare Abhängigkeit von je zwei dieser Vektoren folgt.

7. b) $\begin{pmatrix} -2 \\ 1 \\ 2 \end{pmatrix} + k \begin{pmatrix} 3 \\ 0 \\ -5 \end{pmatrix} = \begin{pmatrix} 7 \\ 1 \\ -13 \end{pmatrix} + k \begin{pmatrix} -6 \\ 0 \\ 10 \end{pmatrix}$ liefert $k = 1$ S. 101

8. Für $a = \frac{1}{2}$ sind die Geraden parallel, sonst immer windschief.

3.5.3.
S. 106

1. a) $\vec{x} = \begin{pmatrix} 6 \\ 0 \\ 0 \end{pmatrix} + k \begin{pmatrix} -3 \\ 1 \\ 0 \end{pmatrix} + l \begin{pmatrix} -3 \\ 0 \\ 2 \end{pmatrix}$; $2x_1 + 6x_2 + 3x_3 - 12 = 0$

   b) $\vec{x} = \begin{pmatrix} -2 \\ 4 \\ 4 \end{pmatrix} + k \begin{pmatrix} -1 \\ 1 \\ 1 \end{pmatrix} + l \begin{pmatrix} 1 \\ -2 \\ -2 \end{pmatrix}$; $x_2 - x_3 = 0$

   c) $\vec{x} = \begin{pmatrix} 1 \\ 2 \\ -4 \end{pmatrix} + k \begin{pmatrix} 1 \\ 0 \\ 2 \end{pmatrix} + l \begin{pmatrix} 0 \\ -1 \\ 5 \end{pmatrix}$; $2x_1 - 5x_2 - x_3 + 4 = 0$

   d) $\vec{x} = \begin{pmatrix} 0 \\ 4 \\ -5 \end{pmatrix} + k \begin{pmatrix} 1 \\ 0 \\ 2 \end{pmatrix} + l \begin{pmatrix} 1 \\ -1 \\ 2 \end{pmatrix}$; $2x_1 - x_3 - 5 = 0$

   e) $\vec{x} = \begin{pmatrix} 1 \\ 2 \\ -1 \end{pmatrix} + k \begin{pmatrix} 1 \\ -2 \\ 1 \end{pmatrix} + l \begin{pmatrix} 1 \\ 1 \\ -2 \end{pmatrix}$; $x_1 + x_2 + x_3 - 2 = 0$

   f) Bei a) und b) muß sichergestellt sein, daß die drei Punkte nicht auf einer Geraden liegen; bei c) daß der Punkt P nicht auf der Geraden g liegt; bei d) und e) daß die Geraden sich schneiden bzw. echt parallel sind.

2. $E: \vec{x} = \begin{pmatrix} 6 \\ 9 \\ 4 \end{pmatrix} + k \begin{pmatrix} 3 \\ 2 \\ 1 \end{pmatrix} + l \begin{pmatrix} 0 \\ -5 \\ 2 \end{pmatrix}$ bzw. $-3x_1 + 2x_2 + 5x_3 - 20 = 0$; $P \notin E$, $Q \in E$ S. 107

3. a) z. B. $\vec{x} = \begin{pmatrix} \frac{1}{2} \\ 0 \\ 0 \end{pmatrix} + k \begin{pmatrix} -1 \\ 2 \\ 0 \end{pmatrix} + l \begin{pmatrix} 1 \\ 0 \\ 2 \end{pmatrix}$ bzw. $\vec{x} = \begin{pmatrix} 0 \\ 1 \\ 0 \end{pmatrix} + k \begin{pmatrix} 0 \\ 1 \\ 1 \end{pmatrix} + l \begin{pmatrix} -1 \\ 2 \\ 0 \end{pmatrix}$

   b) $F: 5x_1 + 6x_2 + 4x_3 - 20 = 0$, $G: 3x_1 + x_2 - 7 = 0$, $H: x_1 = 2$

4. $\vec{x} = \begin{pmatrix} 1 \\ 0 \\ 0 \end{pmatrix} + k \begin{pmatrix} 1 \\ -1 \\ 0 \end{pmatrix} + l \begin{pmatrix} 1 \\ 0 \\ -1 \end{pmatrix}$; $x_1 + x_2 + x_3 - 1 = 0$

S. 107 5. Die Punkte liegen auf der Geraden g: $\vec{x} = \begin{pmatrix} 1 \\ 2 \\ -4 \end{pmatrix} + r \begin{pmatrix} 0 \\ 1 \\ 0 \end{pmatrix}$

S. 112 **3.5.4.**

1. a) $S(0|2|-2)$ b) $g \parallel E$ c) $S(-1|-1|-2)$ d) $g \parallel E$
   e) g liegt in E

2. a) $\vec{x} = r \begin{pmatrix} 1 \\ 1 \\ 2 \end{pmatrix} + s \begin{pmatrix} 1 \\ 0 \\ 0 \end{pmatrix}$ b) $\vec{x} = k \begin{pmatrix} 1 \\ 0 \\ -2 \end{pmatrix}$

3. a) $S_1 = (0|1|\tfrac{1}{2})$; $S_3 = (-\tfrac{1}{5}|1|0)$
   b) Die Gerade ist also parallel zur $x_1 x_3$-Ebene

4. a) g_1 ist parallel zur $x_2 x_3$-Ebene (es existiert kein Spurpunkt), g_2 liegt in der $x_1 x_3$-Ebene (jeder Punkt von g_2 ist „Spurpunkt"), g_3 ist parallel zur x_3-Achse (g_3 ist parallel zu den beiden Koordinatenebenen die die x_3-Achse enthalten; einfacher ist es den Richtungsvektor zu betrachten).

   b) z. B. $\vec{x} = \begin{pmatrix} 0 \\ 0 \\ 1 \end{pmatrix} + k \begin{pmatrix} 1 \\ 1 \\ 0 \end{pmatrix}$ c) z. B. $\vec{x} = \begin{pmatrix} 1 \\ 0 \\ 0 \end{pmatrix} + k \begin{pmatrix} 0 \\ 1 \\ 0 \end{pmatrix}$

S. 120 **3.5.5.**

1. a) Schnittgerade g: $\vec{x} = \begin{pmatrix} -2 \\ -4 \\ 1 \end{pmatrix} + r \begin{pmatrix} 1 \\ 2 \\ 1 \end{pmatrix}$ b) $E_1 = E_2$

   c) Schnittgerade g: $\vec{x} = \begin{pmatrix} -3 \\ 4 \\ -7 \end{pmatrix} + r \begin{pmatrix} -4 \\ 1 \\ -9 \end{pmatrix}$ d) $E_1 \parallel E_2$

   e) Schnittgerade g: $\vec{x} = \begin{pmatrix} 1 \\ 0 \\ -1 \end{pmatrix} + r \begin{pmatrix} -2 \\ 2 \\ 1 \end{pmatrix}$ f) $E_1 \parallel E_2$

2. $E_1 \parallel E_2$; Schnittgeraden von je zwei der Ebenen: g_{13}: $\vec{x} = \begin{pmatrix} \tfrac{14}{5} \\ -1 \\ \tfrac{11}{5} \end{pmatrix} + m \begin{pmatrix} 1 \\ 1 \\ -1 \end{pmatrix}$

   g_{23}: $\vec{x} = \tfrac{1}{5}\begin{pmatrix} 21 \\ 13 \\ 4 \end{pmatrix} + n \begin{pmatrix} 1 \\ 1 \\ -1 \end{pmatrix}$; die drei Ebenen besitzen keinen gemeinsamen Punkt.

3. z.B. $E_1: x_1 + 2x_2 + 4 = 0$; Schnittgerade mit $F: \vec{x} = \begin{pmatrix} -4 \\ 0 \\ 0 \end{pmatrix} + k \begin{pmatrix} -2 \\ 1 \\ 0 \end{pmatrix}$ S. 120

z.B. $E_2: x_1 + 2x_2 - x_3 + 5 = 0$

4. $E_1: \vec{x} = \begin{pmatrix} 0 \\ -5 \\ 0 \end{pmatrix} + k \begin{pmatrix} 1 \\ 5 \\ 0 \end{pmatrix} + l \begin{pmatrix} 0 \\ 0 \\ 1 \end{pmatrix}$; $E_2: \vec{x} = r \begin{pmatrix} 1 \\ 1 \\ 2 \end{pmatrix} + s \begin{pmatrix} 1 \\ 0 \\ 1 \end{pmatrix}$

Schnittpunkt $S(\frac{10}{7} | \frac{15}{7} | \frac{25}{7})$

5. a) $S_1(-4|0|0)$, $S_2(0|-2|0)$, $S_3(0|0|\frac{4}{3})$

b) $s_1 = g(S_2, S_3)$; $s_1: \vec{x} = \begin{pmatrix} 0 \\ -2 \\ 0 \end{pmatrix} + k \begin{pmatrix} 0 \\ 3 \\ 2 \end{pmatrix}$

$s_2 = g(S_1, S_3)$; $s_2: \vec{x} = \begin{pmatrix} -4 \\ 0 \\ 0 \end{pmatrix} + l \begin{pmatrix} 3 \\ 0 \\ 1 \end{pmatrix}$

$s_3 = g(S_1, S_2)$; $s_3: \vec{x} = \begin{pmatrix} -4 \\ 0 \\ 0 \end{pmatrix} + m \begin{pmatrix} 2 \\ -1 \\ 0 \end{pmatrix}$

c) $S_1(\frac{3}{2}|0|0)$, $S_2(0|-\frac{3}{2}|0)$, $S_3(0|0|-3)$

$s_1: \vec{x} = \begin{pmatrix} 0 \\ -\frac{3}{2} \\ 0 \end{pmatrix} + r \begin{pmatrix} 0 \\ 1 \\ -2 \end{pmatrix}$

$s_2: \vec{x} = \begin{pmatrix} \frac{3}{2} \\ 0 \\ 0 \end{pmatrix} + s \begin{pmatrix} 1 \\ 0 \\ 2 \end{pmatrix}$

$s_3: \vec{x} = \begin{pmatrix} \frac{3}{2} \\ 0 \\ 0 \end{pmatrix} + t \begin{pmatrix} 1 \\ 1 \\ 0 \end{pmatrix}$

6. a) E_1 enthält den Ursprung. E_2 ist parallel zur x_2-Achse. S. 121
E_3 ist parallel zur $x_1 x_3$-Ebene. E_4 ist parallel zur $x_1 x_3$-Ebene.

b) $x_3 = 1$

c) $x_1 + x_2 + 1 = 0$

S. 129 **4.1.**

1. $\|\vec{x}\|_E = 13;$ $\|\vec{x}\|_S = 19;$ $\|\vec{x}\|_M = 12$

2. a) 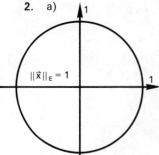   b) 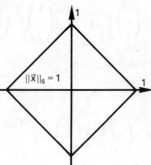   c)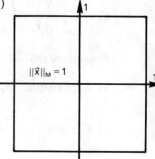

3. $\|\Delta 1\|_S = 12$ $\|\Delta 2\|_S = 10$ $\|\Delta 3\|_S = 8$
   $\|\Delta 1\|_M = 3$ $\|\Delta 2\|_M = 5$ $\|\Delta 3\|_M = 4$

   Welche Prognose „die beste" ist, hängt von der Fragestellung ab.

4.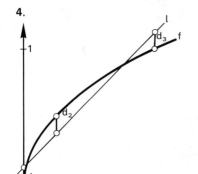

   Untersucht wird die in [0, 1] stetige und differenzierbare Funktion $h = f - l$. Für $x = \frac{1}{4}$ hat h ein (einziges) relatives Maximum mit $h(\frac{1}{4}) = \frac{1}{8}$. Am Rande des Intervalls gilt $h(0) = h(1) = -\frac{1}{8}$. Der Wertebereich von h ist also $[-\frac{1}{8}, \frac{1}{8}]$ und damit $d = \|h\| = \frac{1}{8}$.

   Um sich anschaulich klar zu machen, warum die vorliegende Approximation im Sinne von Tschebyschew die beste ist, betrachte man die Auswirkungen einer Veränderung der Lage der Geraden auf die Strecken d_1, d_2, d_3 in der Figur.

S. 133 **4.2.**

1. a) $\vec{a} * \vec{b} = 11$, $\vec{a} * \vec{c} = 0$, $\vec{a} * (\vec{b} + \vec{c}) = 11 = \vec{a} * \vec{b} + \vec{a} * \vec{c}$
   b) $\vec{a} * \vec{b} = 0$, $\vec{a} * \vec{c} = -11$, $\vec{a} * (\vec{b} + \vec{c}) = -11 = \vec{a} * \vec{b} + \vec{a} * \vec{c}$

2. a) $\vec{a} * \vec{a} = 6$, $\vec{b} * \vec{b} = 21$, $(\vec{a} + \vec{b}) * (\vec{a} - \vec{b}) = -15 = \vec{a} * \vec{a} - \vec{b} * \vec{b}$
   b) $\vec{a} * \vec{b} = 5$, $\vec{a} * \vec{c} = 1$, $\vec{a} * (\vec{b} + \vec{c}) = 6 = \vec{a} * \vec{b} + \vec{a} * \vec{c}$

3. $\vec{a} * \vec{c} = -1$, $\vec{b} * \vec{c} = 2$, $\vec{b} * \vec{d} = 2$, $\vec{c} * \vec{d} = 0$, $(\vec{b} + \vec{c}) * \vec{d} = 2 = \vec{b} * \vec{d} + \vec{c} * \vec{d}$

4. $f * f = \frac{7}{3}$, $f * g = -\frac{2}{3}$, $g * g = \frac{1}{3}$

4.3. S. 138

1. a) $|\vec{a}| = \sqrt{10}$, $|\vec{b}| = \sqrt{29}$, $|\vec{c}| = 2\sqrt{10}$
 ∡($\vec{a}$, $\vec{b}$) ≈ 49,8°, ∡($\vec{a}$, $\vec{c}$) = 90°, ∡($\vec{b}$, $\vec{c}$) ≈ 40,2°

b) $|\vec{a}| = \sqrt{13}$, $|\vec{b}| = \sqrt{13}$, $|\vec{c}| = 2\sqrt{17}$
 ∡($\vec{a}$, $\vec{b}$) = 90°, ∡($\vec{a}$, $\vec{c}$) ≈ 137,7°, ∡($\vec{b}$, $\vec{c}$) ≈ 47,7°

2. a) $\cos\alpha = \dfrac{19}{\sqrt{35}\cdot\sqrt{21}}$ α ≈ 45,5°   b) $\cos\alpha = \dfrac{3+\sqrt{3}}{2\cdot\sqrt{6}}$, α = 15°

3. $|\vec{v}| = 3$, $|\vec{w}| = 7$, $|\vec{v}+\vec{w}| = \sqrt{80}$, also $|\vec{v}+\vec{w}| < |\vec{v}| + |\vec{w}|$

4. a) z. B. $\vec{n}_1 = \begin{pmatrix} 1 \\ -1 \\ 0 \end{pmatrix}$ b) z. B. $\vec{n}_2 = \begin{pmatrix} 2 \\ -4 \\ -1 \end{pmatrix}$

c) Wegen $\vec{n}_2 * \vec{u} = 0$ und $\vec{n}_2 * \vec{v} = 0$ gilt auch $\vec{n}_2 * (k\vec{u} + l\vec{v}) = k\vec{n}_2 * \vec{u} + l\vec{n}_2 * \vec{v} = 0$ für beliebige k, l ∈ ℝ. $\vec{n}_2$ ist also orthogonal zu jedem Vektor des von $\vec{u}$ und $\vec{v}$ aufgespannten Unterraumes.

d) Ansatz mit Gleichungssystem: $3n_1 - n_2 + 2n_3 = 0$
$-n_1 + n_2 + 4n_3 = 0$
Lösungen: $n_1 = -3r$, $n_2 = -7r$, $n_3 = r$ mit r ∈ ℝ. Also z. B. $\vec{n}_3 = \begin{pmatrix} 3 \\ 7 \\ -1 \end{pmatrix}$

5. a) z. B. a = 4, b = 1   b) z. B. a = 6, b = 1   c) $r = -\dfrac{1}{4}$

d) $\vec{x}$ ist für kein r ∈ ℝ orthogonal zu $\vec{v}$.

4.4. S. 140

1. Voraussetzung: $|\vec{a}| = |\vec{b}|$; $\vec{s} = \vec{a} + \tfrac{1}{2}\vec{c}$; $\vec{c} = \vec{b} - \vec{a}$

Behauptung: $\vec{s} * \vec{c} = 0$

Beweis: $\vec{s} * \vec{c} = (\vec{a} + \tfrac{1}{2}\vec{c}) * \vec{c} = \tfrac{1}{2}(\vec{a} + \vec{b}) * (\vec{b} - \vec{a}) =$
 $= \tfrac{1}{2}(\vec{b}^2 - \vec{a}^2) = 0$

2. $\cos\delta_1 = \dfrac{(-\vec{u}) * (\vec{v} - \vec{u})}{|-\vec{u}| \cdot |\vec{v} - \vec{u}|} = \dfrac{\vec{u}^2 - \vec{u} * \vec{v}}{|\vec{u}| \cdot |\vec{v} - \vec{u}|} = \dfrac{\vec{u} * (\vec{u} - \vec{v})}{|\vec{u}| \cdot |\vec{u} - \vec{v}|} = \cos\delta_2$,

also $\delta_1 = \delta_2$, da $\delta_1, \delta_2 \in\,]0, \pi[$.

Für Aufgaben 3, 4, 5 gelte $|\vec{a}| = a$, $|\vec{b}| = b$, etc.

S. 140 3.

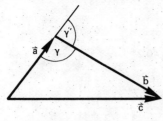

$\vec{c} = \vec{a} + \vec{b}$
$c^2 = (\vec{a}+\vec{b})^2 = a^2 + b^2 + 2ab \cdot \cos\gamma'' =$
$\quad = a^2 + b^2 - 2ab\cos\gamma'$

4. $0 = \vec{h} * (\vec{a}+\vec{b}) = \vec{h}*\vec{a} + \vec{h}*\vec{b} = \vec{h}*\vec{a} - \vec{h}*(-\vec{b}) = h \cdot a \cdot \cos\beta' - h \cdot b \cdot \cos\alpha'$

also $\quad h \cdot a \cdot \cos\beta' = h \cdot b \cdot \cos\alpha' \quad$ bzw. $\quad \dfrac{a}{b} = \dfrac{\cos\alpha'}{\cos\beta'} = \dfrac{\sin\alpha}{\sin\beta}$

5. a) $\vec{a} = \vec{p} - \vec{h}$; $\vec{b} = \vec{q} + \vec{h}$
$\vec{a}*\vec{b} = (\vec{p}-\vec{h})*(\vec{q}+\vec{h}) = \vec{p}*\vec{q} - \vec{h}*\vec{q} + \vec{p}*\vec{h} - \vec{h}^2 = \vec{p}*\vec{q} - \vec{h}^2$

b) Wegen $\vec{a}*\vec{b} = 0$ und $\angle(\vec{p},\vec{q}) = 0°$ folgt $h^2 = pq$ (Höhensatz)

c) $\vec{a}*\vec{c} = (\vec{p}-\vec{h})*\vec{c} = \vec{p}*\vec{c} - \vec{h}*\vec{c} = \vec{p}*\vec{c}$

d) $\vec{a}+\vec{b} = \vec{c}$; $\vec{a}^2 + \vec{a}*\vec{b} = \vec{a}*\vec{c} = \vec{p}*\vec{c}$ bzw. $\vec{a}^2 = \vec{p}*\vec{c}$

e) Wegen $\angle(\vec{p},\vec{c}) = 0°$ folgt $a^2 = pc$ (Kathetensatz)

S. 141 6. a)

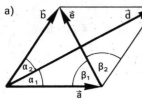

Voraussetzung: $|\vec{a}| = |\vec{b}|$; $\vec{d} = \vec{a}+\vec{b}$, $\vec{e} = \vec{b}-\vec{a}$
Behauptung: $\vec{d}*\vec{e} = 0$
Beweis: $\vec{d}*\vec{e} = (\vec{a}+\vec{b})*(\vec{b}-\vec{a}) = \vec{b}^2 - \vec{a}^2 = 0$

b) $\cos\alpha_1 = \dfrac{\vec{a}*\vec{d}}{|\vec{a}||\vec{d}|} = \dfrac{\vec{a}*(\vec{a}+\vec{b})}{|\vec{a}||\vec{d}|} = \dfrac{\vec{a}^2 + \vec{a}*\vec{b}}{|\vec{a}||\vec{d}|} = \dfrac{\vec{b}^2 + \vec{b}*\vec{a}}{|\vec{b}||\vec{d}|} = \dfrac{\vec{b}*(\vec{b}+\vec{a})}{|\vec{b}||\vec{d}|} =$

$= \dfrac{\vec{b}*\vec{d}}{|\vec{b}||\vec{d}|} = \cos\alpha_2$

$\cos\beta_1 = \dfrac{-\vec{a}*\vec{e}}{|-\vec{a}||\vec{e}|} = \dfrac{-\vec{a}*(\vec{b}-\vec{a})}{|\vec{a}|\cdot|\vec{e}|} = \dfrac{\vec{a}^2 - \vec{a}*\vec{b}}{|\vec{a}|\cdot|\vec{e}|} = \dfrac{\vec{b}^2 - \vec{b}*\vec{a}}{|\vec{b}|\cdot|\vec{e}|} = \dfrac{\vec{b}*(\vec{b}-\vec{a})}{|\vec{b}||\vec{e}|} =$

$= \dfrac{\vec{b}*\vec{e}}{|\vec{b}|\cdot|\vec{e}|} = \cos\beta_2$

c)

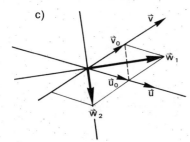

$\vec{w}_1$ und $\vec{w}_2$ sind die Diagonalenvektoren der von $\vec{u}^0$ und $\vec{v}^0$ aufgespannten Raute. Nach b) liegen $\vec{w}_1$ und $\vec{w}_2$ also in Richtung der Winkelhalbierenden zu den Vektoren $\vec{u}$ und $\vec{v}$. (Vgl. Figur.) Nach a) stehen diese Winkelhalbierenden aufeinander senkrecht.

7. Es liegt eine Raute vor, da $\vec{AB} = \begin{pmatrix} 1 \\ -2 \end{pmatrix} = \vec{DC}$ und $|\vec{AB}| = \sqrt{5} = |\vec{BC}|$ S. 141

   a) $\vec{d} = \vec{AC} = \begin{pmatrix} 3 \\ -1 \end{pmatrix}$, $\vec{e} = \vec{BD} = \begin{pmatrix} 1 \\ 3 \end{pmatrix}$, $\vec{d} * \vec{e} = 3 - 3 = 0$

   b) Winkel α zwischen $\vec{AB}$ und $\vec{AC}$: $\cos\alpha = \dfrac{3+2}{\sqrt{5} \cdot \sqrt{10}} = \dfrac{1}{2}\sqrt{2}$;   α = 45°

      Winkel β zwischen $\vec{BD}$ und $\vec{BA}$: $\cos\beta = \dfrac{-1+6}{\sqrt{5} \cdot \sqrt{10}} = \dfrac{1}{2}\sqrt{2}$;   β = 45°

   Die Raute ist also ein Quadrat, wie man auch direkt aus $\vec{AB} * \vec{AD} = 0$ zeigt.

4.5.

S. 146

1. a) z. B. $\vec{b}_1^0 = \dfrac{1}{3}\begin{pmatrix} 1 \\ 2 \\ 2 \end{pmatrix}$, $\vec{b}_2^0 = \dfrac{\sqrt{5}}{5}\begin{pmatrix} 2 \\ -1 \\ 0 \end{pmatrix}$, $\vec{b}_3^0 = \dfrac{\sqrt{5}}{15}\begin{pmatrix} 2 \\ 4 \\ -5 \end{pmatrix}$

   b) z. B. $\vec{e}_1 = \dfrac{1}{3}\begin{pmatrix} 1 \\ 2 \\ 2 \end{pmatrix}$, ausgehend von der Basis $\left\{\begin{pmatrix} 1 \\ 2 \\ 2 \end{pmatrix}, \begin{pmatrix} 1 \\ 0 \\ 0 \end{pmatrix}, \begin{pmatrix} 0 \\ 0 \\ 1 \end{pmatrix}\right\}$ bildet man

$\vec{n}_2 = \begin{pmatrix} 1 \\ 0 \\ 0 \end{pmatrix} - \dfrac{1}{3} \cdot \dfrac{1}{3}\begin{pmatrix} 1 \\ 2 \\ 2 \end{pmatrix} = \dfrac{1}{9}\begin{pmatrix} 8 \\ -2 \\ -2 \end{pmatrix}$; $\vec{e}_2 = \vec{n}_2^0 = \dfrac{\sqrt{2}}{6}\begin{pmatrix} 4 \\ -1 \\ -1 \end{pmatrix}$;

$\vec{n}_3 = \begin{pmatrix} 0 \\ 0 \\ 1 \end{pmatrix} - \dfrac{2}{3} \cdot \dfrac{1}{3}\begin{pmatrix} 1 \\ 2 \\ 2 \end{pmatrix} + \dfrac{\sqrt{2}}{6} \cdot \dfrac{\sqrt{2}}{6}\begin{pmatrix} 4 \\ -1 \\ -1 \end{pmatrix} = \dfrac{1}{2}\begin{pmatrix} 0 \\ -1 \\ 1 \end{pmatrix}$, $\vec{e}_3 = \vec{n}_3^0 = \dfrac{\sqrt{2}}{2} \cdot \begin{pmatrix} 0 \\ -1 \\ 1 \end{pmatrix}$

2. a) $S_1: \begin{pmatrix} x_1 \\ x_2 \end{pmatrix} * \begin{pmatrix} y_1 \\ y_2 \end{pmatrix} = x_1 y_1 + 3 x_2 y_2 = y_1 x_1 + 3 y_2 x_2 = \begin{pmatrix} y_1 \\ y_2 \end{pmatrix} * \begin{pmatrix} x_1 \\ x_2 \end{pmatrix}$

$S_2: \left(k \begin{pmatrix} x_1 \\ x_2 \end{pmatrix}\right) * \begin{pmatrix} y_1 \\ y_2 \end{pmatrix} = \begin{pmatrix} kx_1 \\ kx_2 \end{pmatrix} * \begin{pmatrix} y_1 \\ y_2 \end{pmatrix} = k x_1 y_1 + 3 k x_2 y_2 = k(x_1 y_1 + 3 x_2 y_2) =$

$= k \cdot \left(\begin{pmatrix} x_1 \\ x_2 \end{pmatrix} * \begin{pmatrix} y_1 \\ y_2 \end{pmatrix}\right)$

$S_3: \begin{pmatrix} x_1 \\ x_2 \end{pmatrix} * \left(\begin{pmatrix} y_1 \\ y_2 \end{pmatrix} + \begin{pmatrix} z_1 \\ z_2 \end{pmatrix}\right) = \begin{pmatrix} x_1 \\ x_2 \end{pmatrix} * \begin{pmatrix} y_1 + z_1 \\ y_2 + z_2 \end{pmatrix} = x_1(y_1 + z_1) + 3 x_2(y_2 + z_2)$

$= (x_1 y_1 + 3 x_2 y_2) + (x_1 z_1 + 3 x_2 z_2) = \begin{pmatrix} x_1 \\ x_2 \end{pmatrix} * \begin{pmatrix} y_1 \\ y_2 \end{pmatrix} + \begin{pmatrix} x_1 \\ x_2 \end{pmatrix} * \begin{pmatrix} z_1 \\ z_2 \end{pmatrix}$

$S_4: \begin{pmatrix} x_1 \\ x_2 \end{pmatrix} * \begin{pmatrix} x_1 \\ x_2 \end{pmatrix} = x_1^2 + 3 x_2^2 > 0$, falls nicht $x_1 = x_2 = 0$

S. 146 2. b) $\vec{a} * \vec{b} = 1 \cdot 3 + 3 \cdot 1 \cdot 1 = 6$

c) $\angle (\vec{a}, \vec{b}) = 30°$

d) z. B. $\vec{e}_1 = \frac{1}{2}\begin{pmatrix} 1 \\ 1 \end{pmatrix}$, da $|\vec{a}| = 2$; $\vec{e}_2 = \frac{\sqrt{3}}{6}\begin{pmatrix} 3 \\ -1 \end{pmatrix}$; $B = \{\vec{e}_1, \vec{e}_2\}$

e) $\vec{a}_B = \begin{pmatrix} 2 \\ 0 \end{pmatrix}$; $\vec{b}_B = \begin{pmatrix} 3 \\ \sqrt{3} \end{pmatrix}$; $\vec{a}_B \circledast \vec{b}_B = \vec{a} * \vec{b}$ $\circledast$ bedeute Standardskalarprodukt

3. a) Der Nachweis erfolgt analog zu Aufgabe 2a.

b) Die Vektoren der Basis sind Einheitsvektoren und paarweise orthogonal

c) $\vec{a} * \vec{b} = 3$

d) $\vec{a}_B = \begin{pmatrix} 2 \\ \sqrt{2} \\ \sqrt{3} \end{pmatrix}$, $\vec{b}_B = \begin{pmatrix} -1 \\ \sqrt{2} \\ \sqrt{3} \end{pmatrix}$, $\vec{a}_B \circledast \vec{b}_B = 3 = \vec{a} * \vec{b}$

$\circledast$ bedeute Standardskalarprodukt

S. 152 4.6.1.

1. a) Normalenform: $2x_1 + 3x_2 + 4 = 0$
   Hessesche Normalform: $-\frac{2}{\sqrt{13}}x_1 - \frac{3}{\sqrt{13}}x_2 - \frac{4}{\sqrt{13}} = 0$

b) Normalenform: $5x_1 + 12x_2 + 7 = 0$
   Hessesche Normalform: $-\frac{5}{13}x_1 - \frac{12}{13}x_2 - \frac{7}{13} = 0$

c) Normalenform: $x_2 - 4 = 0$
   Hessesche Normalform: $x_2 - 4 = 0$

d) Normalenform: $3x_1 + 5 = 0$
   Hessesche Normalform: $-x_1 - \frac{5}{3} = 0$

2. a) Normalenform der Geraden $g_1 (A, B)$: $x_1 + 7x_2 + 9 = 0$; $d(C, g_1) = \frac{5}{2}\sqrt{2}$
   Normalenform der Geraden $g_2 (A, C)$: $4x_1 + 3x_2 + 11 = 0$; $d(B, g_2) = -5$
   Normalenform der Geraden $g_3 (B, C)$: $3x_1 - 4x_2 - 23 = 0$; $d(A, g_3) = -5$

   Mit den üblichen Bezeichnungen im Dreieck gilt: $h_a = h_b = 5$; $h_c = \frac{5}{2}\sqrt{2}$

   Für die Dreiecksfläche A erhält man z. B. mit $g = |\overrightarrow{AB}| = 5\sqrt{2}$: $A = 12{,}5$.

   Hinweis: Wegen $|\overrightarrow{AC}| = |\overrightarrow{BC}| = 5$ und $|\overrightarrow{AB}| = 5\sqrt{2}$ ist das Dreieck gleichschenklig rechtwinklig.

b) $g_1 (A, B)$: $3x_1 - 2x_2 = 0$; $d(C, g_1) = -\frac{12}{13}\sqrt{13}$; $h_c = \frac{12}{13}\sqrt{13}$
   $g_2 (A, C)$: $x_1 + 2 = 0$; $d(B, g_2) = -4$; $h_b = 4$
   $g_3 (B, C)$: $x_2 - 3 = 0$; $d(A, g_3) = -6$; $h_a = 6$

   Dreiecksfläche $A = 12$.

   Hinweis: Wegen $|\overrightarrow{AC}|^2 + |\overrightarrow{BC}|^2 = |\overrightarrow{AB}|^2$ ist das Dreieck rechtwinklig.

3. a) Wegen $\vec{n}_h = \begin{pmatrix} 4 \\ 2 \end{pmatrix}$ folgt, daß die Richtungsvektoren der beiden Geraden parallel S. 152

sind $\left(\text{z. B. } \vec{u}_h = \begin{pmatrix} 1 \\ -2 \end{pmatrix}, \vec{u}_g = \begin{pmatrix} 1 \\ -2 \end{pmatrix}\right)$. Da A(2|3) $\notin$ h, sind g und h echt parallel.

Eine andere Möglichkeit wäre die Berechnung gemeinsamer Punkte, die auf die Gleichung $0 \cdot k + 17 = 0$ führt.

b) $d(g, h) = |d(A, h)|$ mit A(2|3); $d(A, h) = -\frac{17}{10}\sqrt{5}$; $d(g, h) \approx 3{,}8$
A liegt bezüglich h in derselben Halbebene wie O.

c)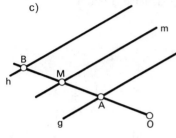

Man errechnet z. B. den Schnittpunkt B von g(O, A) und h. Die Mittelparallele m enthält den Mittelpunkt M von A und B und hat die Richtung von g.

Man erhält B $\left(-\frac{3}{7}\middle|-\frac{9}{14}\right)$; M $\left(\frac{11}{14}\middle|\frac{33}{28}\right)$;

m: $\vec{x} = \begin{pmatrix} \frac{11}{14} \\ \frac{33}{28} \end{pmatrix} + l \begin{pmatrix} 1 \\ -2 \end{pmatrix}$, $l \in \mathbb{R}$.

d)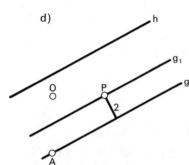

Es ist $d(O, h) = -\frac{3}{10}\sqrt{5}$. Da $d(O, h)$ und $d(A, h)$ (A(2|3)) gleiches Vorzeichen haben, liegen g und O auf derselben Seite von h.
Weil $|d(A, h)| > |d(O, h)|$, liegt O zwischen g und h.

Nach diesen Überlegungen genügt es, einen Punkt P zu bestimmen, dessen Abstand $d(P, g) = -2$ ist. (P muß bezüglich g in derselben Halbebene liegen wie O.).

Die Bedingung $d(P, g) = \dfrac{2p_1 + p_2 - 7}{\sqrt{5}} = -2$ liefert z. B. mit $p_2 = 7$: $p_1 = -\sqrt{5}$,

also P$(-\sqrt{5}|7)$ und damit g_1: $\vec{x} = \begin{pmatrix} -\sqrt{5} \\ 7 \end{pmatrix} + r \begin{pmatrix} 1 \\ -2 \end{pmatrix}$, $r \in \mathbb{R}$.

4. a)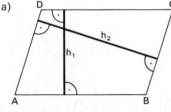

Es muß gelten $\overrightarrow{AD} = \overrightarrow{BC}$, also D(5|7).
$h_1 = |d(AB, BC)|$.
z. B. $h_1 = |d(D, AB)| = \frac{6}{5}\sqrt{10}$.
$F = |\overrightarrow{AB}| \cdot h_1 = 2\sqrt{10} \cdot h_1 = 24$
$h_2 = |d(AD, BC)|$.
z. B. $h_2 = |d(A, BC)| = |-4\sqrt{2}| = 4\sqrt{2}$
$F = |\overrightarrow{BC}| \cdot h_2 = 3\sqrt{2} \cdot h_2 = 24$.

b) Mit denselben Bezeichnungen wie in Aufgabe 4a) erhält man:
D(3|4); $h_1 = |d(D, AB)| = \left|-\frac{29}{5}\right| = 5{,}8$; $F = |\overrightarrow{AB}| \cdot h_1 = 5 \cdot 5{,}8 = 29$;
$h_2 = |d(A, BC)| = \left|-\frac{29}{34}\sqrt{34}\right|$; $F = |\overrightarrow{BC}| \cdot h_2 = \sqrt{34} \cdot h_2 = 29$.

S. 152 **5.** Die Hesseschen Normalformen der Geraden g und h lauten:

$$g: \frac{4x_1 + 3x_2 - 14}{5} = 0 \qquad h: \frac{-3x_1 + 4x_2 - 2}{5} = 0$$

Setzt man einen beliebigen Punkt $P(1+r|-5+7r)$ der Geraden w_1, bzw. einen beliebigen Punkt $Q(2-7s|2+s)$ der Geraden w_2 in die Hesseschen Normalformen von g und h ein, so erhält man:

$d(P, g) = 5r - 5$, $\quad d(P, h) = 5r - 5$, $\quad$ also $\quad d(P, g) = d(P, h) \quad$ bzw.
$d(Q, g) = -5s$, $\quad d(Q, h) = 5s$, $\quad$ also $\quad |d(Q, g)| = |d(Q, h)|$.

w_1 und w_2 sind die beiden Winkelhalbierenden der Geraden g und h.

S. 161 **4.6.2.**

1. $\vec{n} = r\begin{pmatrix} 5 \\ 9 \\ 8 \end{pmatrix}$, $r \in \mathbb{R}$; $\quad$ b) $\vec{n} = s\begin{pmatrix} 1 \\ 1 \\ 0 \end{pmatrix}$, $s \in \mathbb{R}$; $\quad$ c) $\vec{n} = t\begin{pmatrix} 2 \\ 1 \\ 2 \end{pmatrix}$, $t \in \mathbb{R}$.

2. a) $d(P, E) = -1$; $\quad$ b) $d(P, E) = -\frac{1}{2}\sqrt{6}$; $\quad$ c) $|d(P, E)| = \sqrt{2}$.

3. Parameterform: z.B. $E: \vec{x} = \begin{pmatrix} 12 \\ 0 \\ 0 \end{pmatrix} + r\begin{pmatrix} -9 \\ 2 \\ 2 \end{pmatrix} + s\begin{pmatrix} -3 \\ 1 \\ 0 \end{pmatrix}$, $r, s \in \mathbb{R}$

Normalenform: z.B. $E: 2x_1 + 6x_2 + 3x_3 - 24 = 0$

b) $d(Z, E) = 0$; $\quad d(W, E) = -7$

c) Lot $l: \vec{x} = \begin{pmatrix} 10 \\ -6 \\ -3 \end{pmatrix} + r\begin{pmatrix} 2 \\ 6 \\ 3 \end{pmatrix}$, $r \in \mathbb{R}$; $\quad$ Lotfußpunkt $F(12|0|0) = A$.

4. Parameterform: z.B. $E: \vec{x} = \begin{pmatrix} 0 \\ 5 \\ 4 \end{pmatrix} + k\begin{pmatrix} 1 \\ 1 \\ 2 \end{pmatrix} + l\begin{pmatrix} 3 \\ 3 \\ 2 \end{pmatrix}$, $k, l \in \mathbb{R}$;

Normalenform: z.B. $E: x_1 - x_2 + 5 = 0$.

b) $n_2 = -1$, $n_3 = 0$, $\vec{n} = \begin{pmatrix} 1 \\ -1 \\ 0 \end{pmatrix}$.

c) Hessesche Normalform: $E: \dfrac{x_1 - x_2 + 5}{-\sqrt{2}} = 0$; $\quad d(Q, E) = -\sqrt{2}$.

S. 162 **5.** a) $S(2|-1|-2)$;

b) Ein Normalvektor $\vec{n}$ zu $\begin{pmatrix} 2 \\ -2 \\ 1 \end{pmatrix}$ und $\begin{pmatrix} 3 \\ 0 \\ -1 \end{pmatrix}$ ist z.B. $\vec{n} = \begin{pmatrix} 2 \\ 5 \\ 6 \end{pmatrix}$,

Normalenform: z.B. $E_1: 2x_1 + 5x_2 + 6x_3 + 13 = 0$; $\quad d(A, E_1) = -\frac{4}{13}\sqrt{65}$.

5. **c)** Der Richtungsvektor der Geraden h ist Normalenvektor der Ebene E_2. S. 162
Normalenform: z. B. E_2: $3x_1 - x_3 - 8 = 0$.

d) Man ermittelt zunächst eine Gleichung der Ebene E_3, welche A enthält und orthogonal zur Geraden h ist. Der Schnittpunkt dieser Ebene mit h ist der gesuchte Punkt L.

E_3: $3x_1 - x_3 - 8 = 0$ (vgl. 2. c); $L(2|-1|-2) = S$

6. **a)** Ein Normalenvektor der Ebene E_1 ist auch Normalenvektor der Ebene E_2, also E_2: $3x_1 - 2x_2 + 6x_3 - 28 = 0$.

b) $d(E_1, E_2) = d(P, E_1)$; $|d(E_1, E_2)| = |-6| = 6$.

c) Es genügt zu zeigen, daß der Richtungsvektor $\vec{u}$ der Geraden g nicht orthogonal zum Normalvektor $\vec{n}$ der Ebene E_1 ist.

Wegen $\vec{u} * \vec{n} = \begin{pmatrix} 3 \\ -3 \\ 1 \end{pmatrix} * \begin{pmatrix} 3 \\ -2 \\ 6 \end{pmatrix} = 21 \neq 0$ ist das der Fall.

(Wäre $\vec{u} \perp \vec{n}$, so könnte mit Hilfe des Antragspunktes der Geraden g entschieden werden, ob g in E_1 oder in E_2 liegt oder echt parallel zu diesen beiden Ebenen ist).

7. **a)** Der Ortsvektor von A erfüllt die Geradengleichung für kein $r \in \mathbb{R}$.

b) E: $x_1 - x_3 - 1 = 0$; $d(O, E) = -\frac{1}{2}\sqrt{2}$.

c) Lotfußpunkt $F(0|-2|-1)$; Lot l: $\vec{x} = \begin{pmatrix} 4 \\ 0 \\ 3 \end{pmatrix} + s \begin{pmatrix} 2 \\ 1 \\ 2 \end{pmatrix}$, $s \in \mathbb{R}$ (vgl. 5.d)

8. **a)** $S(-1|1|-2)$

b) E_1: $2x_1 + x_2 - 2x_3 - 3 = 0$

c)

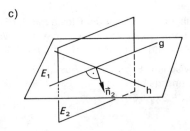

z. B.: Ein Normalenvektor $\vec{n}_2$ der Ebene E_2 läßt sich als Linearkombination der beiden Richtungsvektoren $\vec{u}_g$ und $\vec{u}_h$ darstellen. Außerdem muß $\vec{n}_2 \perp \vec{u}_g$ sein.

Man erhält z. B. $\vec{n}_2 = \begin{pmatrix} 4 \\ 2 \\ 5 \end{pmatrix}$ und damit E_2: $4x_1 + 2x_2 + 5x_3 + 12 = 0$.

oder z. B.: $\vec{n}_2 \perp \vec{n}_1$ und $\vec{n}_2 \perp \vec{u}_g$ führt mit Hilfe des Vektorproduktes zu $\vec{n}_2 = \begin{pmatrix} 4 \\ 2 \\ 5 \end{pmatrix}$.

S. 162 8. d) 1. Möglichkeit:

Man zeigt:
$\overrightarrow{AB} \perp \vec{u}_g$,
AB schneidet g (im Punkt M(0|−1|−2)),
$|\overrightarrow{AM}| = |\overrightarrow{BM}|$

2. Möglichkeit:

Man zeigt:
$\overrightarrow{AB} \perp \vec{u}_g$,
der Mittelpunkt M(0|−1|−2) von A und B liegt auf g

9. a) Man zeigt entweder, daß $\vec{n} = \begin{pmatrix} 2 \\ -1 \\ 2 \end{pmatrix}$ orthogonal zu $\vec{u}_g = \begin{pmatrix} -2 \\ 10 \\ 7 \end{pmatrix}$ und A(4|−7|3) ∉ E,

oder daß g und E keinen gemeinsamen Punkt haben. d(g, E) = 3.

b)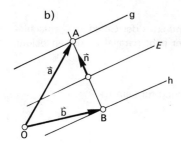

Es sei B der symmetrische Punkt zu A bezüglich E. Dann gilt: $\vec{b} = \vec{a} - 2d\vec{n}°$, also B(0|−5|−1). (Man beachte die Orientierung von $\vec{n}$.)

h: $\vec{x} = \begin{pmatrix} 0 \\ -5 \\ -1 \end{pmatrix} + r\begin{pmatrix} -2 \\ 10 \\ 7 \end{pmatrix}$, r ∈ ℝ.

c) M(2|−6|1) ist der Mittelpunkt von A und B (Kontrolle: M ∈ E).

Mittelparallele m: $\vec{x} = \begin{pmatrix} 2 \\ -6 \\ 1 \end{pmatrix} + s\begin{pmatrix} -2 \\ 10 \\ 7 \end{pmatrix}$, s ∈ ℝ, (Kontrolle: m ⊂ E).

10.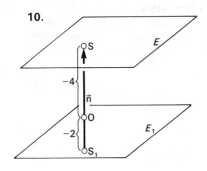

Da E_1 parallel zu E ist, hat die Gleichung der Ebene E_1 die Form $x_1 + 2x_2 + 2x_3 + c = 0$. Wegen $d(O, E_1) = -4$ und $|d(E, E_1)| = 6$ ist $d(O, E_1) = -2$ (O liegt zwischen E und E_1). Aus $d(O, E_1) = -\frac{c}{3}$ folgt c = 6 und damit
E_1: $x_1 + 2x_2 + 2x_3 + 6 = 0$.

Andere Möglichkeit: Man bestimmt den Schnittpunkt S von E mit der Geraden $\vec{x} = k\vec{n}$ (S($\frac{4}{3}|\frac{8}{3}|\frac{8}{3}$)) und erhält aus $\vec{s}_1 = \vec{s} - 6\vec{n}°$ einen Punkt $S_1(-\frac{2}{3}|-\frac{4}{3}|-\frac{4}{3})$ der Ebene E_1.

11. a) Entweder man zeigt, daß $\vec{u}_k = \begin{pmatrix} -5 \\ 3 \\ -1 \end{pmatrix}$ orthogonal zu $\vec{n}_E = \begin{pmatrix} 1 \\ 1 \\ 2 \end{pmatrix}$ für alle $k \in \mathbb{R}$, S. 163

   oder daß es nur für $k = 1$ gemeinsame Punkte (unabhängig vom Parameter r) gibt (vgl. b)).

   b) Die Berechnung gemeinsamer Punkte liefert $k = 1$, d. h., für $k = 1$ liegt g in E, für $k \neq 1$ ist g echt parallel zu E.

12. Direkter Nachweis: Man zeigt, daß für einen beliebigen Punkt $X(x_1\, x_2\, x_3)$ der Ebene gilt: $d(P, X) = d(Q, X)$.
   Für die Koordinaten eines beliebigen Punktes X der Ebene erhält man aus der Ebenengleichung z. B. $x_1 = k$, $x_2 = l$, $x_3 = 2k - 6$, und damit $d(P, X) = d(Q, X) = \sqrt{5k^2 - 40k + 100 + l^2}$.

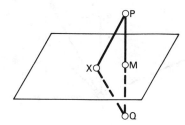

   Indirekter Nachweis: Die Menge aller Punkte, die von P und Q den gleichen Abstand haben, ist die Ebene durch den Mittelpunkt von P und Q mit $\overline{PQ}$ als Normalenvektor. Für diese Ebene erhält man die Gleichung $2x_1 - x_3 - 6 = 0$.

13. a) Man rechnet $(\vec{x} \times \vec{y}) * \vec{x}$ und $(\vec{x} \times \vec{y}) * \vec{y}$ aus: S. 163
   $(\vec{x} \times \vec{y}) * \vec{x} = (x_2 y_3 - x_3 y_2) x_1 - (x_1 y_3 - x_3 y_1) x_2 + (x_1 y_2 - x_2 y_1) x_3 = 0$ und
   $(\vec{x} \times \vec{y}) * \vec{y} = (x_2 y_3 - x_3 y_2) y_1 - (x_1 y_3 - x_3 y_1) y_2 + (x_1 y_2 - x_2 y_1) y_3 = 0$.

   b) $\vec{e}_i \times \vec{e}_i = 0$ für $i = 1, 2, 3$; $\vec{e}_1 \times \vec{e}_2 = \vec{e}_3$, $\vec{e}_2 \times \vec{e}_3 = \vec{e}_1$, $\vec{e}_3 \times \vec{e}_1 = \vec{e}_2$

   c) Aus dem Gesetz 7 folgt mit $\vec{x}_1 = \vec{x}_2 = \vec{x}$ und $\vec{y}_1 = \vec{y}_2 = \vec{y}$:
   $(\vec{x} \times \vec{y})^2 = \vec{x}^2 \cdot \vec{y}^2 - (\vec{x} * \vec{y})^2 = |\vec{x}|^2 |\vec{y}|^2 - |\vec{x}|^2 |\vec{y}|^2 (\cos \angle (\vec{x}, \vec{y}))^2 =$
   $= |\vec{x}|^2 \cdot |\vec{y}|^2 \cdot (1 - (\cos \angle (\vec{x}, \vec{y}))^2) = |\vec{x}|^2 \cdot |\vec{y}|^2 \cdot (\sin \angle (\vec{x}, \vec{y}))^2$, also
   $|\vec{x} \times \vec{y}| = |\vec{x}| \cdot |\vec{y}| \cdot |\sin \angle (\vec{x}, \vec{y})|$.

   d) Beh.: $\vec{x}, \vec{y}$ linear unabhängig $\Leftrightarrow$ $\vec{x}, \vec{y}, \vec{x} \times \vec{y}$ ist Basis des $\mathbb{R}^3$.
   Beweis:
   „$\Leftarrow$": Bilden die Vektoren $\vec{x}, \vec{y}, \vec{x} \times \vec{y}$ eine Basis, dann sind $\vec{x}, \vec{y}, \vec{x} \times \vec{y}$ linear unabhängig. Daraus folgt, daß auch $\vec{x}, \vec{y}$ linear unabhängig sind (Teilmenge, s. S. 41).

   „$\Rightarrow$": $\vec{x}, \vec{y}$ seien linear unabhängig, also $\vec{x} \neq \vec{o}$, $\vec{y} \neq \vec{o}$, $\vec{x} \neq k\vec{y}$. Dann folgt aus $|\vec{x} \times \vec{y}| = |\vec{x}||\vec{y}| \cdot |\sin \angle (x, y)| \neq 0$, daß $\vec{x} \times \vec{y} \neq \vec{o}$. Aus der Linearkombination $r\vec{x} + s\vec{y} + t(\vec{x} \times \vec{y}) = \vec{o}$ erhält man durch Skalarproduktbildung mit $\vec{x} \times \vec{y}$ wegen $\vec{x} * (\vec{x} \times \vec{y}) = 0$ und $\vec{y} * (\vec{x} \times \vec{y}) = 0$: $t(\vec{x} \times \vec{y})^2 = 0$, also $t = 0$.
   Nun folgt aber sofort $r = 0$ und $s = 0$, denn sonst wären $\vec{x}, \vec{y}$ linear abhängig.
   $\vec{x}, \vec{y}, \vec{x} \times \vec{y}$ sind linear unabhängig und damit Basis des $\mathbb{R}^3$.

S. 163 13. e) i)

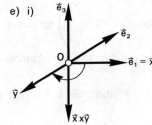

$\vec{x} = \begin{pmatrix} 1 \\ 0 \\ 0 \end{pmatrix}$, $\vec{y} = \begin{pmatrix} 0 \\ -1 \\ 0 \end{pmatrix}$, $\vec{x} \times \vec{y} = \begin{pmatrix} 0 \\ 0 \\ -1 \end{pmatrix}$

ii)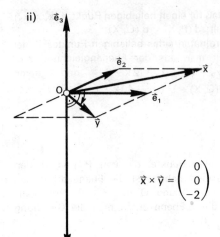

iii)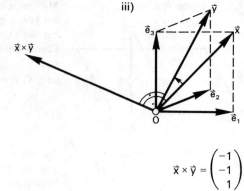

$\vec{x} \times \vec{y} = \begin{pmatrix} 0 \\ 0 \\ -2 \end{pmatrix}$ $\qquad$ $\vec{x} \times \vec{y} = \begin{pmatrix} -1 \\ -1 \\ 1 \end{pmatrix}$

S. 166 **4.6.3.**

1. a) Der Ortsvektor des Punktes A erfüllt die Geradengleichung für kein $k \in \mathbb{R}$.
   E: $2x_1 + 5x_2 - 4x_3 + 25 = 0$.

   b) B ist der Schnittpunkt der Ebene E aus Teilaufgabe a) mit der Geraden g (Begründung!). $B(4|-1|7)$.

   c) $\vec{a}_1 = \vec{a} + 2\overrightarrow{AB}$; $A_1(2|3|11)$; $d(A, A_1) = 12$.

2. Verfahren: Ebene E durch A, orthogonal zu g, hat die Gleichung $x_1 + 2x_2 + 2x_3 - 13 = 0$. Der Schnittpunkt dieser Ebene E mit g ist $L(3|3|2)$. $d(A,g) = d(A,L) = 3$.

3. E: $12x_1 - 9x_2 + 16x_3 - 24 = 0$; $S(2|0|0)$; $d(g,h) = d(A,S) = \sqrt{26}$.

4. a) h: $\vec{x} = \begin{pmatrix} 4 \\ 0 \\ 3 \end{pmatrix} + l \begin{pmatrix} 1 \\ -4 \\ 1 \end{pmatrix}$, $l \in \mathbb{R}$;

   b) Ebene E durch B, orthogonal zu h; E: $x_1 - 4x_2 + x_3 - 7 = 0$; A ist der Schnittpunkt von E mit g: $A(0|-2|-1)$;

   Gleichung des Lotes l: $\vec{x} = \begin{pmatrix} 4 \\ 0 \\ 3 \end{pmatrix} + r \begin{pmatrix} 2 \\ 1 \\ 2 \end{pmatrix}$, $r \in \mathbb{R}$.

4. c) $d(g, h) = d(A, B) = 6$.

S. 166

5. a) z.B. Nachweis der linearen Unabhängigkeit der Vektoren

$$\vec{u}_1 = \begin{pmatrix} -1 \\ 0 \\ 1 \end{pmatrix}, \quad \vec{u}_2 = \begin{pmatrix} 2 \\ 1 \\ 1 \end{pmatrix}, \quad \vec{a}_2 - \vec{a}_1 = \begin{pmatrix} -2 \\ 1 \\ 2 \end{pmatrix}$$

b) z.B. $d(g,h) = |\vec{n}^0 * (\vec{a}_2 - \vec{a}_1)|$ mit $\vec{n} = \begin{pmatrix} -1 \\ 3 \\ -1 \end{pmatrix}$ ($\vec{n} \perp \vec{u}_1, \vec{n} \perp \vec{u}_2$);

$d(g,h) = \frac{3}{11}\sqrt{11}$.

6. a) z.B. Nachweis der linearen Unabhängigkeit der Vektoren

$$\vec{u}_1 = \begin{pmatrix} 1 \\ 1 \\ -1 \end{pmatrix}, \quad \vec{u}_2 = \begin{pmatrix} 1 \\ -2 \\ 5 \end{pmatrix}, \quad \vec{a}_2 - \vec{a}_1 = \begin{pmatrix} -1 \\ 5 \\ 1 \end{pmatrix}$$

b) Der Normalenvektor $\vec{n}$ dieser Ebene E ist orthogonal zu $\vec{u}_g$ und $\vec{u}_h$,

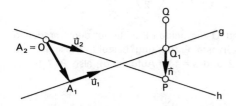

z.B. $\vec{n} = \begin{pmatrix} 1 \\ -2 \\ -1 \end{pmatrix}$. E enthält A_1;

$E: x_1 - 2x_2 - x_3 - 12 = 0$.

c) $d(h, E) = |d(O, E)| = |-2\sqrt{6}| = 2\sqrt{6}$

d) Vektorkette OA_1Q_1PO
(vgl. Lehrbuch S. 165):
$$\begin{pmatrix} 1 \\ -5 \\ -1 \end{pmatrix} + r \begin{pmatrix} 1 \\ 1 \\ -1 \end{pmatrix} + \frac{d}{\sqrt{6}} \begin{pmatrix} 1 \\ -2 \\ -1 \end{pmatrix} - s \begin{pmatrix} 1 \\ -2 \\ 5 \end{pmatrix} = \vec{o};$$

Das zugehörige Gleichungssystem hat die Lösung $r = 1$, $d = -2\sqrt{6}$, $s = 0$. Das ergibt $P(0|0|0)$, bzw. $Q_1(2|-4|-2)$.

e) $\vec{q} = \vec{p} + 2\overrightarrow{PQ_1}$ (vgl. Skizze), also $Q(4|-8|-4)$.

7. a) vgl. 5. a) oder 6. a)

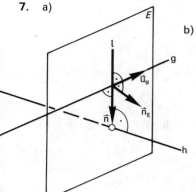

b) Der Richtungsvektor $\vec{n}$ des gemeinsamen Lotes muß orthogonal zu $\vec{u}_g$ und $\vec{u}_h$ sein, z.B. $\vec{n} = \begin{pmatrix} 1 \\ 1 \\ 1 \end{pmatrix}$; der

Normalenvektor $\vec{n}_{E_1}$ der Ebene E_1 muß orthogonal zu $\vec{n}$ und $\vec{u}_g$ sein, z.B. $\vec{n}_{E_1} = \begin{pmatrix} -5 \\ 4 \\ 1 \end{pmatrix}$.

Damit erhält man $E_1: 5x_1 - 4x_2 - x_3 = 0$.

S. 166 7. c) Die Berechnung gemeinsamer Punkte von g und E_2 führt auf eine allgemein gültige Gleichung. Die Berechnung gemeinsamer Punkte von h und E_2 führt auf eine nicht erfüllbare Gleichung.

d) $d(g, h) = 4\sqrt{3}$.

8. a) vgl. 5. a) oder 6. a) b) z. B. $\vec{n} = \begin{pmatrix} -1 \\ -2 \\ 2 \end{pmatrix}$

c)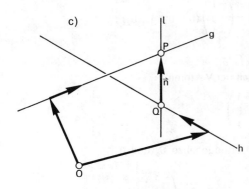

Eine Gleichung der Trägergeraden l erhält man z. B. über die Vektorkette

$$\begin{pmatrix} 3 \\ 7 \\ -3 \end{pmatrix} + r \begin{pmatrix} 2 \\ 1 \\ 2 \end{pmatrix} + m \begin{pmatrix} -1 \\ -2 \\ 2 \end{pmatrix} = \begin{pmatrix} -1 \\ -5 \\ 10 \end{pmatrix} + s \begin{pmatrix} 2 \\ 2 \\ 3 \end{pmatrix};$$

Das zugehörige Gleichungssystem hat die Lösung r = 2, m = 6, s = 1; damit erhält man

$$l: \vec{x} = \begin{pmatrix} 7 \\ 9 \\ 1 \end{pmatrix} + m \begin{pmatrix} -1 \\ -2 \\ 2 \end{pmatrix}, \; m \in \mathbb{R}$$

d) z. B.: $d(g, h) = d(P, Q)$, wobei P und Q die beiden Punkte auf den Geraden g und h sind, zwischen denen die kürzeste Entfernung besteht. Diese Punkte gehören zu den Parameterwerten r = 2 und s = 1 in Aufgabe c), also P(7|9|1), Q(1|−3|13). Daraus folgt $d(g, h) = 18$.

S. 167 9. Die Vektoren $\vec{u}_1 = \begin{pmatrix} -2 \\ 5 \\ 0 \end{pmatrix}$, $\vec{u}_2 = \begin{pmatrix} 2 \\ 5 \\ a \end{pmatrix}$, $\vec{a}_2 - \vec{a}_1 = \begin{pmatrix} 0 \\ 0 \\ -2 \end{pmatrix}$ sind für alle $a \in \mathbb{R}$ linear unabhängig.

$d(g, h) = |\vec{n}^0 * (\vec{a}_2 - \vec{a}_1)|$ mit $\vec{n} = \begin{pmatrix} 5a \\ 2a \\ -20 \end{pmatrix}$ ergibt $d(g, h) = \dfrac{40}{\sqrt{29a^2 + 400}}$

S. 172 4.7.

1. a) $\overrightarrow{AB} = \begin{pmatrix} -8 \\ 2 \end{pmatrix}$, $\overrightarrow{AC} = \begin{pmatrix} -4 \\ -3 \end{pmatrix}$, $\overrightarrow{BC} = \begin{pmatrix} 4 \\ -5 \end{pmatrix}$; $\alpha \approx 50{,}9°$, $\beta \approx 37{,}3°$, $\gamma \approx 91{,}8°$, $A = 16$.

b) $\overrightarrow{AB} = \begin{pmatrix} -4 \\ 2 \end{pmatrix}$, $\overrightarrow{AC} = \begin{pmatrix} -6 \\ -2 \end{pmatrix}$, $\overrightarrow{BC} = \begin{pmatrix} -2 \\ -4 \end{pmatrix}$, $\alpha = 45°$, $\beta = 90°$, $\gamma = 45°$, $A = 10$.

2. a) $|\overrightarrow{AB}| = |\overrightarrow{AC}| = |\overrightarrow{BC}| = |\overrightarrow{AD}| = |\overrightarrow{BD}| = |\overrightarrow{CD}| = 3\sqrt{2}$

b) z. B. $\sphericalangle (AB, AD) = \varphi$; $\cos \varphi = \frac{1}{2}$; $\varphi = 60°$
Tetraederseitenflächen sind gleichseitige Dreiecke.

2. c) z. B.: α sei der Winkel zwischen der Kante AD und der Fläche ABC; S. 172

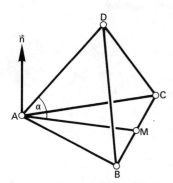

1. Möglichkeit:

$$\cos\alpha = \left|\frac{\vec{AD} * \vec{AM}}{|\vec{AD}|\cdot|\vec{AM}|}\right|, \text{ wobei } M\left(\tfrac{5}{2}\big|-\tfrac{1}{2}\big|6\right) \text{ der}$$

Mittelpunkt von B und C ist: $\alpha \approx 54{,}7°$

2. Möglichkeit:

$\vec{n}$ sei der Normalenvektor zu $\vec{AB}$ und $\vec{AC}$,

z. B. $\vec{n} = \begin{pmatrix}1\\1\\1\end{pmatrix}$: dann gilt $\sin\varphi = \left|\dfrac{\vec{n}*\vec{AD}}{|\vec{n}|\cdot|\vec{AD}|}\right|$

d) z. B.: ε sei der Winkel zwischen den Seitenflächen ABC und ABD.

Dann gilt: $\cos\varepsilon = \left|\dfrac{\vec{n}_1 * \vec{n}_2}{|\vec{n}_1|\cdot|\vec{n}_2|}\right|$, wobei $\vec{n}_1 = \begin{pmatrix}1\\1\\1\end{pmatrix}$ und $\vec{n}_2 = \begin{pmatrix}-5\\1\\1\end{pmatrix}$

Normalenvektoren dieser Seitenflächen sind: $\varepsilon \approx 70{,}5°$.

e) mit Spatvolumen: $V = \tfrac{1}{6}\det(\vec{AB}, \vec{AC}, \vec{AD}) = 9$;

ohne Spatvolumen: $V = \tfrac{1}{3}G\cdot h$; $G = \dfrac{|\vec{AB}|^2}{4}\sqrt{3} = \tfrac{9}{2}\sqrt{3}$;

h ist z. B. der Abstand des Punktes D von der Ebene ABC, $h = 2\sqrt{3}$; $V = 9$.

3. a) $\cos\varphi = \left|\dfrac{\vec{u}_g * \vec{u}_h}{|\vec{u}_g|\cdot|\vec{u}_h|}\right| = \dfrac{3}{\sqrt{15}}$; $\varphi \approx 39{,}2°$.

b) Es seien α, β, γ die Winkel zwischen der Geraden und der x_2x_3-, x_1x_3-, x_1x_2-Ebene. Mit den Normalenvektoren dieser Ebenen erhält man

für g: $\sin\alpha = \dfrac{\left|\vec{u}_g * \begin{pmatrix}1\\0\\0\end{pmatrix}\right|}{|\vec{u}_g|} = \tfrac{1}{3}\sqrt{3}$, also $\alpha \approx 35{,}3°$

und analog $\beta \approx 35{,}3°$; $\gamma \approx 35{,}3°$;
für h: $\alpha \approx 26{,}6°$; $\beta = 0°$; $\gamma \approx 63{,}4°$.

c) Für die Richtungsvektoren der Winkelhalbierenden gilt:

$\vec{w}_{1,2} = \vec{u}_g^{\,0} \pm \vec{u}_h^{\,0}$, also $\vec{w}_{1,2} = \dfrac{1}{\sqrt{15}}\begin{pmatrix}\sqrt{5}\pm\sqrt{3}\\\sqrt{5}\\\sqrt{5}\pm 2\sqrt{3}\end{pmatrix}$;

Mit dem Schnittpunkt $S(4|6|4)$ erhält man

$w_1: \vec{x} = \begin{pmatrix}4\\6\\4\end{pmatrix} + r\begin{pmatrix}\sqrt{5}+\sqrt{3}\\\sqrt{5}\\\sqrt{5}+2\sqrt{3}\end{pmatrix}$, $r \in \mathbb{R}$; $w_2: \vec{x} = \begin{pmatrix}4\\6\\4\end{pmatrix} + s\begin{pmatrix}\sqrt{5}-\sqrt{3}\\\sqrt{5}\\\sqrt{5}-2\sqrt{3}\end{pmatrix}$, $s \in \mathbb{R}$

S. 172 3. d) Bei einer senkrechten Projektion in eine Koordinatenebene läßt sich die Projektion $\vec{u}'$ des Richtungsvektors $\vec{u}$ einer Geraden leicht angeben.

Für die Gerade g erhält man: $D_g(0|2|0)$ (aus $x_3 = 0 \Rightarrow k = -2$)

und $\vec{u}_g' = \begin{pmatrix} 1 \\ 1 \\ 0 \end{pmatrix}$, also $g': \vec{x} = \begin{pmatrix} 0 \\ 2 \\ 0 \end{pmatrix} + k' \begin{pmatrix} 1 \\ 1 \\ 0 \end{pmatrix}$, $k' \in \mathbb{R}$.

Für die Gerade h erhält man: $D_h(2|6|0)$ (aus $x_3 = 0 \Rightarrow l = -1$)

und $\vec{u}_h' = \begin{pmatrix} 1 \\ 0 \\ 0 \end{pmatrix}$, also $h': \vec{x} = \begin{pmatrix} 2 \\ 6 \\ 0 \end{pmatrix} + l' \begin{pmatrix} 1 \\ 0 \\ 0 \end{pmatrix}$, $l' \in \mathbb{R}$.

Für den Winkel zwischen g' und h' erhält man $\varphi = 45°$.

Hinweis: Zur Kontrolle bestimme man den Schnittpunkt S' von g' und h' und vergleiche mit der Projektion von S.

e) Ein Normalenvektor von E ist z. B. $\vec{n} = \begin{pmatrix} 2 \\ -1 \\ -1 \end{pmatrix}$. Man verwendet zur Winkelberechnung die Normalenvektoren der Koordinatenebenen und erhält für den Winkel zwischen

E und der $x_1 x_2$-Ebene: $\cos\alpha = \dfrac{1}{\sqrt{6}}$, $\alpha \approx 65{,}9°$

E und der $x_1 x_3$-Ebene: $\cos\beta = \dfrac{1}{\sqrt{6}}$, $\beta \approx 65{,}9°$

E und der $x_2 x_3$-Ebene: $\cos\gamma = \dfrac{2}{\sqrt{6}}$, $\gamma \approx 35{,}3°$.

S. 173 4. Wegen $\vec{n}_E = \begin{pmatrix} 1 \\ 0 \\ 1 \end{pmatrix}$ ist E parallel zur x_2-Achse. Die Richtungsvektoren der Schnittgeraden s_1 und s_2 sind deshalb $\vec{u}_1 = \vec{u}_2 = \begin{pmatrix} 0 \\ 1 \\ 0 \end{pmatrix}$. Die Schnittpunkte von E mit der x_1-Achse, bzw. mit der x_3-Achse sind $S_1(6|0|0)$, bzw. $S_3(0|0|6)$.

$s_1: \vec{x} = \begin{pmatrix} 6 \\ 0 \\ 0 \end{pmatrix} + k \begin{pmatrix} 0 \\ 1 \\ 0 \end{pmatrix}$, $k \in \mathbb{R}$; $s_2: \vec{x} = \begin{pmatrix} 0 \\ 0 \\ 6 \end{pmatrix} + l \begin{pmatrix} 0 \\ 1 \\ 0 \end{pmatrix}$, $l \in \mathbb{R}$.

Die beiden Geraden sind echt parallel!

Hinweis: Da E parallel zur x_2-Achse ist, müssen die Spurgeraden s_1 und s_2 parallel sein (vgl. Anhang 2).

5. a) Winkelhalbierende des Winkels α: $\vec{AB} = \begin{pmatrix} 0 \\ 8 \end{pmatrix}$, $\vec{AC} = \begin{pmatrix} -6 \\ 8 \end{pmatrix}$, $\vec{u}_\alpha = \vec{AB}° + \vec{AC}°$,

$w_\alpha: \vec{x} = \begin{pmatrix} 3 \\ -6 \end{pmatrix} + k_1 \begin{pmatrix} -1 \\ 3 \end{pmatrix}$, $k_1 \in \mathbb{R}$;

34

Winkelhalbierende des Winkels β: $\vec{BC} = \begin{pmatrix} -6 \\ 0 \end{pmatrix}$, $\vec{BA} = \begin{pmatrix} 0 \\ -8 \end{pmatrix}$ S. 173

$\vec{u}_\beta = \vec{BC}° + \vec{BA}°$, $w_\beta: \vec{x} = \begin{pmatrix} 3 \\ 2 \end{pmatrix} + k_2 \begin{pmatrix} 1 \\ 1 \end{pmatrix}$, $k_2 \in \mathbb{R}$;

Winkelhalbierende des Winkels γ: $\vec{CB} = \begin{pmatrix} 6 \\ 0 \end{pmatrix}$, $\vec{CA} = \begin{pmatrix} 6 \\ -8 \end{pmatrix}$

$\vec{u}_\gamma = \vec{CB}° + \vec{CA}°$, $w_\gamma: \vec{x} = \begin{pmatrix} -3 \\ 2 \end{pmatrix} + k_3 \begin{pmatrix} 2 \\ -1 \end{pmatrix}$, $k_3 \in \mathbb{R}$;

Man achte auf die Orientierung der Vektoren!

5. b) Schnittpunkt von w_α und w_β ist R (1 | 0). R erfüllt auch die Gleichung für w_γ.

   c) d (R, AB) = d (R, AC) = d (R, BC) = −2. R ist der Inkreismittelpunkt des Dreiecks.
   (Da O im „Innern" des Dreiecks liegt (Skizze), haben alle Abstände auch gleiches Vorzeichen.)

   d) z.B.: Jeder Punkt von w_α hat von AB und AC den gleichen Abstand.
   Hessesche Normalform von AB: $x_1 - 3 = 0$,
   Hessesche Normalform von AC: $-\frac{4}{5}x_1 - \frac{3}{5}x_2 - \frac{6}{5} = 0$,
   Setzt man einen beliebigen Punkt P der Geraden w_α ein, so erhält man
   $d(P, AB) = -k_1$, $d(P, AC) = -k_1$.

6. Es gilt $\vec{AB} = \vec{DC}$, $\vec{AD} = \vec{BC}$, $|\vec{AB}| = |\vec{AD}|$.

   a) $\vec{AB}° + \vec{AD}° = \frac{1}{3}\begin{pmatrix} 3 \\ -1 \\ 0 \end{pmatrix} = \frac{1}{3}\vec{AC}$; $\vec{BA}° + \vec{BC}° = \frac{1}{3}\begin{pmatrix} 1 \\ 3 \\ 4 \end{pmatrix} = \frac{1}{3}\vec{BD}$

   b) R $(\frac{3}{2} | \frac{1}{2} | 3)$;
   Es müssen die Abstände des Punktes R von den Geraden g (A, B), g (D, C), g (A, D), g (B, C) im $\mathbb{R}^3$ bestimmt werden. Mit E bezeichnen wir jeweils die Ebene durch R, die orthogonal zu g ist. L sei der Schnittpunkt der Ebene E mit der Geraden g. Dann ist d (R, g) = d (R, L).

   g (A, B): $\vec{x} = \begin{pmatrix} 0 \\ 1 \\ 3 \end{pmatrix} + k_1 \begin{pmatrix} 1 \\ -2 \\ -2 \end{pmatrix}$; E: $x_1 - 2x_2 - 2x_3 + \frac{11}{2} = 0$; L $(\frac{5}{18} | \frac{4}{9} | \frac{22}{9})$

   d (R, L) = $\frac{1}{6}\sqrt{65}$

   g (D, C): $\vec{x} = \begin{pmatrix} 2 \\ 2 \\ 5 \end{pmatrix} + k_2 \begin{pmatrix} 1 \\ -2 \\ -2 \end{pmatrix}$; E: $x_1 - 2x_2 - 2x_3 + \frac{11}{2} = 0$; L $(\frac{49}{18} | \frac{5}{9} | \frac{32}{9})$

   d (R, L) = $\frac{1}{6}\sqrt{65}$

S. 173

$g(A, D): \vec{x} = \begin{pmatrix} 0 \\ 1 \\ 3 \end{pmatrix} + k_3 \begin{pmatrix} 2 \\ 1 \\ 2 \end{pmatrix};$ $E: 2x_1 + x_2 + 2x_3 - \frac{19}{2} = 0;$ $L(\frac{5}{9} | \frac{23}{18} | \frac{32}{9})$

$d(R, L) = \frac{1}{6}\sqrt{65}$

$g(B, C): \vec{x} = \begin{pmatrix} 1 \\ -1 \\ 1 \end{pmatrix} + k_4 \begin{pmatrix} 2 \\ 1 \\ 2 \end{pmatrix};$ $E: 2x_1 + x_2 + 2x_3 - \frac{19}{2} = 0;$ $L(\frac{22}{9} | -\frac{5}{18} | \frac{22}{9})$

$d(R, L) = \frac{1}{6}\sqrt{65}$ R ist der Inkreismittelpunkt der Raute.

7. a) Mit $\vec{n}_1 = \begin{pmatrix} 2 \\ -1 \\ 2 \end{pmatrix}$, $\vec{n}_2 = \begin{pmatrix} 6 \\ 6 \\ -7 \end{pmatrix}$ erhält man:

$\cos \varphi = \left| \frac{-8}{33} \right|$, $\varphi \approx 76°$; $\vec{w}_1 = \vec{n}_1^° + \vec{n}_2^° = \frac{1}{33} \begin{pmatrix} 40 \\ 7 \\ 1 \end{pmatrix}$; $\vec{w}_2 = \vec{n}_1^° - \vec{n}_2^° = \frac{1}{33} \begin{pmatrix} 4 \\ -29 \\ 43 \end{pmatrix}$;

der Punkt $S(-2|-1|-1)$ ist gemeinsamer Punkt beider Ebenen;
$W_1: 40x_1 + 7x_2 + x_3 + 88 = 0$, $W_2: 4x_1 - 29x_2 + 43x_3 + 22 = 0$.
Für die oben gewählten Normalenvektoren ist $\vec{n}_1 * \vec{n}_2 = -8$, folglich ist W_2 die winkelhalbierende Ebene, welche den spitzen Winkel halbiert.

b) Mit $\vec{n}_1 = \begin{pmatrix} 4 \\ -1 \\ 0 \end{pmatrix}$, $\vec{n}_2 = \begin{pmatrix} 0 \\ 1 \\ 4 \end{pmatrix}$ erhält man: $\cos \varphi = \left| -\frac{1}{17} \right|$; $\varphi \approx 86,6°$

$\vec{w}_1 = \vec{n}_1^° + \vec{n}_2^° = \frac{1}{\sqrt{17}} \begin{pmatrix} 4 \\ 0 \\ 4 \end{pmatrix}$; $\vec{w}_2 = \vec{n}_1^° - \vec{n}_2^° = \frac{1}{\sqrt{17}} \begin{pmatrix} 4 \\ -2 \\ -4 \end{pmatrix}$;

der Punkt $S(-\frac{3}{8} | -\frac{1}{2} | 1)$ ist gemeinsamer Punkt beider Ebenen;
$W_1: 8x_1 + 8x_3 - 5 = 0$; $W_2: 8x_1 - 4x_2 - 8x_3 + 9 = 0$
Für die oben gewählten Normalenvektoren ist $\vec{n}_1 * \vec{n}_2 = -1$, folglich ist W_2 die winkelhalbierende Ebene, welche den spitzen Winkel halbiert.

8. a) z. B. $E: \vec{x} = \begin{pmatrix} 0 \\ 0 \\ 10 \end{pmatrix} + r \begin{pmatrix} 5 \\ 4 \\ 0 \end{pmatrix} + s \begin{pmatrix} 1 \\ 0 \\ -2 \end{pmatrix}$, $r, s \in \mathbb{R}$ und $\begin{pmatrix} 5 \\ 4 \\ 0 \end{pmatrix}, \begin{pmatrix} 1 \\ 0 \\ -2 \end{pmatrix}$ linear unabhängig.

b) $S(2|-2|1)$; der Winkel zwischen g und E läßt sich auch ohne Kenntnis der orthogonalen Projektion berechnen: Mit dem Normalenvektor $\vec{n} = \begin{pmatrix} -4 \\ 5 \\ -2 \end{pmatrix}$ erhält man $\sin \varphi = \left| \frac{-20}{9\sqrt{5}} \right| = \frac{4}{9}\sqrt{5}$, $\varphi \approx 83,6°$.

Für die orthogonale Projektion h machen wir den Ansatz $\vec{x} = \vec{s} + l\vec{u}'$ mit $\vec{u}' = \vec{u} + r\vec{n}$. S. 173

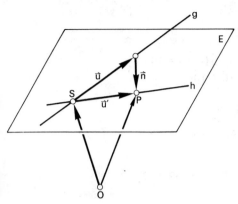

Damit erhält man $\vec{p} = \begin{pmatrix} 4 \\ -4 \\ 2 \end{pmatrix} + r \begin{pmatrix} -4 \\ 5 \\ -2 \end{pmatrix}$.

Da $P \in E$, erhält man durch Einsetzen von P in eine Normalenform von E (z. B. $-4x_1 + 5x_2 - 2x_3 + 20 = 0$) den Parameter $r = \frac{4}{9}$, also $P(\frac{20}{9} | -\frac{16}{9} | \frac{10}{9})$. Daraus ergibt sich dann h:

$$\vec{x} = \begin{pmatrix} 2 \\ -2 \\ 1 \end{pmatrix} + l \begin{pmatrix} 2 \\ 2 \\ 1 \end{pmatrix}, \; l \in \mathbb{R}.$$

Zur Kontrolle kann man nun den Winkel zwischen g und h berechnen.

9. a) vgl. Aufgabe 5. a) auf Seite 166

   b) $G(4|2|0)$, $H(2|6|0)$,
      für g: $\sin \varphi = \frac{1}{3}\sqrt{3}$, $\varphi \approx 35{,}26°$; für h: $\sin \varphi = \frac{2}{5}\sqrt{5}$, $\varphi \approx 63{,}43°$

   c) $\vec{u}_g' = \begin{pmatrix} -1 \\ 1 \\ 0 \end{pmatrix}$, $g': \vec{x} = \begin{pmatrix} 4 \\ 2 \\ 0 \end{pmatrix} + k' \begin{pmatrix} -1 \\ 1 \\ 0 \end{pmatrix}$, $k' \in \mathbb{R}$,

   $\vec{u}_h' = \begin{pmatrix} 1 \\ 0 \\ 0 \end{pmatrix}$, $h': \vec{x} = \begin{pmatrix} 2 \\ 6 \\ 0 \end{pmatrix} + l' \begin{pmatrix} 1 \\ 0 \\ 0 \end{pmatrix}$, $l' \in \mathbb{R}$.

Betrachtet man nur die $x_1 x_2$-Ebene als zweidimensionalen Unterraum des $\mathbb{R}^3$, kann man für die Projektionen auch parameterfreie Gleichungen angeben.

4.8.1.

S. 175

1. a) Kreis, $M(-2|4)$, $r = 3$, $p(P, K) = -1$,

   b) Kreis, $M(-6|3)$, $r = 6$, $p(P, K) = 1$,

   c) Kreis, $M(0|0)$, $r = 2$, $p(P, K) = 0$,

   d) Parallelenpaar, $x_1 + x_2 = 4$, $x_1 + x_2 = -4$,

   e) Kreis, $M(0|6)$, $r = \sqrt{34}$, $p(P, K) = -18$,

2. a) Kreis für $k \in]-\infty, 10[$, $M(3|-1)$, $r = \sqrt{10-k}$, $p(A, K) = k-2$,
      A liegt innerhalb von K für $k \in]-\infty, 2[$,
      A liegt auf K für $k = 2$,
      A liegt außerhalb von K für $k \in]2, 10[$,

S. 175

b) Kreis für $|k|>3$, $k\in\mathbb{R}$; $M(-k|2)$, $r=\sqrt{k^2-9}$, $p(A,K)=2k+11$,
A liegt innerhalb von K für $k\in\,]-\infty,\,-\frac{11}{2}[$,
A liegt auf K für $k=-\frac{11}{2}$,
A liegt außerhalb von K für $k\in(\,]-\frac{11}{2},\,-3[\,\cup\,]3,\,+\infty[\,)$,

c) Kreis für $k\in\mathbb{R}$, $M(-4|0)$, $r=\sqrt{k^2+16}$, $p(A,K)=10-k^2$
A liegt innerhalb von K für $k\in\mathbb{R}\setminus\,]-\sqrt{10},\sqrt{10}[$,
A liegt auf K für $k\in\{-\sqrt{10},\sqrt{10}\}$,
A liegt außerhalb von K für $k\in\,]-\sqrt{10},\sqrt{10}[$,

d) Kreis für $k\in\mathbb{R}$, $M(-1|-k)$, $r=1$, $p(A,K)=(k+1)^2+3$
A liegt stets außerhalb von K.

3. Für die gegenseitige Lage zweier Kreise gibt es folgende Möglichkeiten:

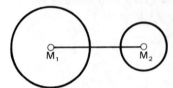

$|\overrightarrow{M_1M_2}|>r_1+r_2$:
K_1 und K_2 schneiden sich nicht

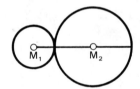

$|\overrightarrow{M_1M_2}|=r_1+r_2$:
K_1 und K_2 berühren sich von außen

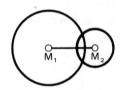

$|r_1-r_2|<|\overrightarrow{M_1M_2}|<r_1+r_2$:
K_1 und K_2 schneiden sich in zwei Punkten

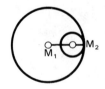

$|\overrightarrow{M_1M_2}|=|r_1-r_2|$:
K_1 und K_2 berühren sich von innen

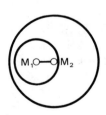

$|\overrightarrow{M_1M_2}|<|r_1-r_2|$:
Ein Kreis liegt im Innern des anderen

$M_1 = M_2$:

Die beiden Kreise sind konzentrisch

S. 175

a) $M_1(2|-3)$, $r_1 = 5$, $M_2(9|-3)$, $r_2 = 2$, $|\overrightarrow{M_1M_2}| = 7 = r_1 + r_2$,

K_1 und K_2 berühren sich von außen; den Berührpunkt erhält man als den Schnittpunkt der beiden Kreise. Einfacher ist die Rechnung, wenn man den Berührpunkt als Schnittpunkt eines Kreises mit der Geraden M_1M_2 ermittelt. Dabei erhält man i. a. 2 Lösungen, von denen eine entfällt. $B(7|-3)$.

b) $M_1(1|-2)$, $r_1 = 3$, $M_2(-3|3)$, $r_2 = 2$, $|\overrightarrow{M_1M_2}| = \sqrt{41} > r_1 + r_2$

K_1 und K_2 schneiden sich nicht

c) $M_1(-1|-2)$, $r_1 = 5$, $M_2(-3|-2)$, $r_2 = 3$, $|\overrightarrow{M_1M_2}| = 2 = r_1 - r_2$,

K_1 und K_2 berühren sich von innen, Berührpunkt $B(-6|-2)$.

d) $M_1(4|3)$, $r_1 = 2$, $M_2(0|-1)$, $r_2 = 2\sqrt{5}$, $|\overrightarrow{M_1M_2}| = 4\sqrt{2}$,

$|r_2 - r_1| < |\overrightarrow{M_1M_2}| < r_1 + r_2$

K_1 und K_2 schneiden sich, $S_1(4|1)$, $S_2(2|3)$.

e) $M_1(-4|-4)$, $r_1 = 5$, $M_2(-6|-5)$, $r_2 = 2$, $|\overrightarrow{M_1M_2}| = \sqrt{5} < 3 = r_1 - r_2$

K_2 liegt innerhalb von K_1.

4. a) $M(2|4)$, $r = 5$, $p(A, K) = 75$, P liegt außerhalb von K. S. 176

b) $A(-2|1)$, $B(6|7)$

c) $M_p(14|p)$, $r_p = 8$, Bedingung: $|\overrightarrow{MM_p}| = 13 \Rightarrow p_1 = -1$, $p_2 = 9$,

$K_1: (x_1 - 14)^2 + (x_2 + 1)^2 - 64 = 0$; $K_2: (x_1 - 14)^2 + (x_2 - 9)^2 - 64 = 0$.

4.8.2.
S. 181

1. a) Sekante, $S_1(-7|2)$, $S_2(0|9)$ b) Tangente, $T(-7|2)$

 c) Passante   d) Tangente, $T(5|10)$

 e) Sekante, $S_1(-8|-3)$, $S_2(-7|2)$ f) Passante

2. a) Sekante: $-\frac{9}{4} < p < 4$; Tangente: $p_1 = -\frac{9}{4}$, $p_2 = 4$;

 Passante: $p < -\frac{9}{4}$ oder $p > 4$.

 b) Tangentialpunkte: $T_1(3|4)$, $T_2(4|-3)$,

 Tangenten: $t_1: 3x_1 + 4x_2 - 25 = 0$; $t_2: 4x_1 - 3x_2 - 25 = 0$.

 c) $\overrightarrow{MT_1} = \begin{pmatrix} 3 \\ 4 \end{pmatrix}$, $\vec{u}_{t_1} = \begin{pmatrix} 4 \\ -3 \end{pmatrix}$, also $\overrightarrow{MT_1} * \vec{u}_{t_1} = 0$, analog für T_2.

S. 181 2. d) $g(T_1, T_2): \vec{x} = \begin{pmatrix} 3 \\ 4 \end{pmatrix} + k \begin{pmatrix} 1 \\ -7 \end{pmatrix}$, $k \in \mathbb{R}$;

$h(M, A): \vec{x} = \begin{pmatrix} 7 \\ 1 \end{pmatrix}$, $l \in \mathbb{R}$; $\vec{T_1 T_2} * \vec{MA} = 0$.

3. a) Tangenten für $p_1 = \frac{7}{6}$, $p_2 = -3$

b) Tangentialpunkte: $T_1 (\frac{2}{5} | -\frac{14}{5})$, $T_2 (2|6)$
Tangenten: $t_1: 7x_1 - 24x_2 - 70 = 0$, $t_2: 3x_1 + 4x_2 - 30 = 0$.

c) $S(10|0)$, $M(-1|2)$, $g(S, M)$ hat den Richtungsvektor $\vec{u}_g = \begin{pmatrix} 11 \\ -2 \end{pmatrix}$.
Man zeigt, daß $\vec{u}_{t_1}^{\circ} + \vec{u}_{t_2}^{\circ} = k\vec{u}_g$ oder $\vec{u}_{t_1}^{\circ} - \vec{u}_{t_2}^{\circ} = k\vec{u}_g$.
Bei dieser Aufgabe gilt: $\vec{u}_{t_1}^{\circ} + \vec{u}_{t_2}^{\circ} = \frac{4}{25} \vec{u}_g$.

4. a) Tangenten für $p_1 = 11$, $p_2 = -\frac{51}{9}$, $T_1 (3|6)$, $t_1: 3x_1 + 4x_2 - 33 = 0$;

b) $Q(4|-1)$, $t_Q: 4x_1 - 3x_2 - 19 = 0$, $S(7|3)$,
$\varphi = \sphericalangle (t_1, t_2) = 90°$, $h(T, Q): 7x_1 + x_2 - 27 = 0$, $d(S, h) = \frac{1}{2}\sqrt{50}$

5. a) $P_1 (1|5)$, $P_2 (1|-1)$

$t_1: \vec{x} = \begin{pmatrix} 1 \\ 5 \end{pmatrix} + k \begin{pmatrix} 1 \\ 0 \end{pmatrix}$, $k \in \mathbb{R}$, bzw. $x_2 - 5 = 0$

$t_2: \vec{x} = \begin{pmatrix} 1 \\ -1 \end{pmatrix} + l \begin{pmatrix} 1 \\ 0 \end{pmatrix}$, $l \in \mathbb{R}$, bzw. $x_2 + 1 = 0$

b) $P_1 (1|3)$, $P_2 (-7|3)$

$t_1: \vec{x} = \begin{pmatrix} 1 \\ 3 \end{pmatrix} + k \begin{pmatrix} 3 \\ -4 \end{pmatrix}$, $k \in \mathbb{R}$, bzw. $4x_1 + 3x_2 - 13 = 0$,

$t_2: \vec{x} = \begin{pmatrix} -7 \\ 3 \end{pmatrix} + l \begin{pmatrix} 3 \\ 4 \end{pmatrix}$, $l \in \mathbb{R}$, bzw. $4x_1 - 3x_2 + 37 = 0$.

6. $M(3|2)$, $r = 5$; man bestimmt die Schnittpunkte des Lotes l zu g durch M mit dem Kreis und erhält die Tangentialpunkte der gesuchten Tangenten.

a) $l: \vec{x} = \begin{pmatrix} 3 \\ 2 \end{pmatrix} + k \begin{pmatrix} 4 \\ 3 \end{pmatrix}$, $k \in \mathbb{R}$; $T_1 (7|5)$, $T_2 (-1|-1)$,

$t_1: \vec{x} = \begin{pmatrix} 7 \\ 5 \end{pmatrix} + k_1 \begin{pmatrix} -3 \\ 4 \end{pmatrix}$, $k_1 \in \mathbb{R}$, bzw. $4x_1 + 3x_2 - 43 = 0$,

$t_2: \vec{x} = \begin{pmatrix} -1 \\ -1 \end{pmatrix} + k_2 \begin{pmatrix} -3 \\ 4 \end{pmatrix}$, $k_2 \in \mathbb{R}$, bzw. $4x_1 + 3x_2 + 7 = 0$.

6. b) l: $\vec{x} = \begin{pmatrix} 3 \\ 2 \end{pmatrix} + k \begin{pmatrix} 3 \\ -4 \end{pmatrix}$, $k \in \mathbb{R}$; $T_1(6|-2)$, $T_2(0|6)$,   S. 181

$t_1: \vec{x} = \begin{pmatrix} 6 \\ -2 \end{pmatrix} + k_1 \begin{pmatrix} 4 \\ 3 \end{pmatrix}$, $k_1 \in \mathbb{R}$,   bzw. $3x_1 - 4x_2 - 26 = 0$,

$t_2: \vec{x} = \begin{pmatrix} 0 \\ 6 \end{pmatrix} + k_2 \begin{pmatrix} 4 \\ 3 \end{pmatrix}$, $k_2 \in \mathbb{R}$,   bzw. $3x_1 - 4x_2 + 24 = 0$.

7. $M(5|-4)$, $r = 10$; man bestimmt die Schnittpunkte der Parallelen h zu g durch M mit dem Kreis und erhält die Tangentialpunkte der gesuchten Tangenten.

   a) $h: \vec{x} = \begin{pmatrix} 5 \\ -4 \end{pmatrix} + k \begin{pmatrix} 4 \\ 3 \end{pmatrix}$, $k \in \mathbb{R}$; $T_1(2|6)$, $T_2(-14|-6)$

$t_1: \vec{x} = \begin{pmatrix} 2 \\ 6 \end{pmatrix} + k_1 \begin{pmatrix} 3 \\ -4 \end{pmatrix}$, $k_1 \in \mathbb{R}$,   bzw. $4x_1 + 3x_2 - 26 = 0$,

$t_2: \vec{x} = \begin{pmatrix} -14 \\ -6 \end{pmatrix} + k_2 \begin{pmatrix} 3 \\ -4 \end{pmatrix}$, $k_2 \in \mathbb{R}$,   bzw. bzw. $4x_1 + 3x_2 + 74 = 0$

   b) $h: \vec{x} = \begin{pmatrix} 5 \\ -4 \end{pmatrix} + k \begin{pmatrix} 3 \\ -4 \end{pmatrix}$, $k \in \mathbb{R}$; $T_1(11|4)$, $T_2(-1|-12)$

$t_1: \vec{x} = \begin{pmatrix} 11 \\ 4 \end{pmatrix} + k_1 \begin{pmatrix} 4 \\ -3 \end{pmatrix}$, $k_1 \in \mathbb{R}$,   bzw. $3x_1 + 4x_2 - 49 = 0$,

$t_2: \vec{x} = \begin{pmatrix} -1 \\ -12 \end{pmatrix} + k_2 \begin{pmatrix} 4 \\ -3 \end{pmatrix}$, $k_2 \in \mathbb{R}$,   bzw. $3x_1 + 4x_2 + 51 = 0$.

8. $M(2|0)$, $r = 5$,
Polare zu P: $x_1 + 1 = 0$;
Schnittpunkte der Polaren mit dem Kreis: $T_1(-1|4)$, $T_2(-1|-4)$
$t_1: 3x_1 - 4x_2 + 19 = 0$,
$t_2: 3x_1 + 4x_2 + 19 = 0$;
Polare zu Q: $x_2 + 3 = 0$;
Schnittpunkte der Polaren mit dem Kreis: $T_3(6|-3)$, $T_4(-2|-3)$
$t_3: 4x_1 - 3x_2 - 33 = 0$,
$t_4: 4x_1 + 3x_2 + 17 = 0$.

9. $M(-6|5)$, $r = 13$,
Polare zu P: $7x_1 - 17x_2 - 42 = 0$,
Schnittpunkte der Polaren mit dem Kreis: $T_1(6|0)$, $T_2(-10|-7)$,
$t_1: 12x_1 - 5x_2 - 72 = 0$,
$t_2: 5x_1 + 12x_2 + 139 = 0$.

S. 183 | 4.8.3.

1. a) Kugel, $M(1|-1|0)$, $r = 3$
   b) Kugel, $M(-2|0|4)$, $r = 4$
   c) Kugel, $M(-1|0|3)$, $r = \sqrt{33}$
   d) keine Kugel, Gleichung wird von keinem Punkt des $\mathbb{R}^3$ erfüllt
   e) keine Kugel, Gleichung wird von keinem Punkt des $\mathbb{R}^3$ erfüllt
   f) Kugel, $M(-1|-\frac{3}{2}|-\frac{1}{2})$, $r = \sqrt{5}$.

2. $M(-2|0|0)$, $r = 3$,
   a) $p(P, K) = -3$, P liegt innerhalb von K,
      $r_i = r - |\overrightarrow{MP}| = 3 - \sqrt{6}$, K_i: $(x_1 + 3)^2 + (x_2 + 1)^2 + (x_3 - 2)^2 = 15 - 6\sqrt{6}$
   b) $p(P, K) = 2$, P liegt außerhalb von K,
      $r_a = |\overrightarrow{PM}| - r = 6$, K_a: $(x_1 - 5)^2 + (x_2 - 6)^2 + (x_3 + 6)^2 - 36 = 0$
   c) $p(P, K) = 0$, P liegt auf K.

3. a) Kugel für $k \in \,]-\infty, 2[$, $M(1|0|-1)$, $r = \sqrt{2-k}$, $p(A, K) = 3 + k$,
      A liegt innerhalb von K für $k \in \,]-\infty, -3[$,
      A liegt auf K für $k = -3$,
      A liegt außerhalb von K für $k \in \,]-3, 2[$;
   b) Kugel für $k \in \mathbb{R}$, $M(k|2|0)$, $r = \sqrt{9+k^2}$, $p(A, K) = -2k - 6$,
      A liegt innerhalb von K für $k \in \,]-3, \infty[$;
      A liegt auf K für $k = -3$,
      A liegt außerhalb von K für $k \in \,]-\infty, -3[$;
   c) Kugel für $|k| < 2\sqrt{5}$, $M(0|4|-2)$, $r = \sqrt{20-k^2}$, $p(A, K) = k^2 - 1$
      A liegt innerhalb von K für $|k| < 1$,
      A liegt auf K für $|k| = 1$,
      A liegt außerhalb von K für $1 < |k| < 2\sqrt{5}$.

4. $r = |d(M, E)|$,
   Hessesche Normalform von E: $\dfrac{-10x_1 + 5x_2 + 2x_2 - 40}{\sqrt{129}} = 0$; $r^2 = \frac{576}{129}$.

S. 186 | 4.8.4.

1. a) Sekante, $S_1(\frac{13}{3}|-\frac{1}{3}|\frac{10}{3})$, $S_2(1|3|0)$,
   b) Passante
   c) Tangente, $T(4|-2|4)$

2. a) Genau für $p = -4$ erhält man eine Tangente mit dem Tangentialpunkt $T(2|1|2)$,

42

2. b) Der Antragspunkt der Geradenschar liegt auf K, also hat jede Gerade der Schar mindestens den Punkt A$(2|1|2)$ mit der Kugel gemeinsam. S. 186

3. a) M$(0|1|-2)$, $r = 5$; Tangenten für $p_1 = 19$, $p_2 = \frac{7}{3}$,

   b) $T_1(3|1|-6)$, $T_2(-3|1|2)$,

   c) E_1: $3x_1 - 4x_3 - 33 = 0$, (E_2: $3x_1 - 4x_3 + 17 = 0$).

4. a) $P_1(1|3|-3)$, $P_2(1|-1|-3)$, S. 187
   E_1: $x_1 - 2x_2 + 2x_3 + 11 = 0$, E_2: $x_1 + 2x_2 + 2x_3 + 7 = 0$,
   $Q_1(4|-1|0)$, $Q_2(4|-1|-2)$
   E_3: $2x_1 - 2x_2 + x_3 - 10 = 0$, E_4: $2x_1 - 2x_2 - x_3 - 12 = 0$,

   b) $P_1(3|-4|11)$, $P_2(-9|-4|11)$,
   E_1: $6x_1 - 6x_2 + 7x_3 - 119 = 0$, E_2: $6x_1 + 6x_2 - 7x_3 + 155 = 0$,
   $Q_1(3|8|-3)$, $Q_2(3|-4|-3)$,
   E_3: $6x_1 + 6x_2 - 7x_3 - 87 = 0$, E_4: $6x_1 - 6x_2 - 7x_3 - 63 = 0$.

5. a) $T_1(3|4|12)$, $T_2(-5|0|-12)$
   E_1: $3x_1 + 4x_2 + 12x_3 - 169 = 0$, E_2: $5x_1 + 12x_3 + 169 = 0$

   b) Mit $\vec{n}_1 = \begin{pmatrix} 3 \\ 4 \\ 12 \end{pmatrix}$ und $\vec{n}_2 = \begin{pmatrix} 5 \\ 0 \\ 12 \end{pmatrix}$ erhält man $\cos \varphi = \frac{159}{169}$, $\varphi \approx 19{,}8°$;

   $d(T_1, E_2) = -\frac{328}{13}$, $d(T_2, E_1) = -\frac{328}{13}$

   c) Die verlangte winkelhalbierende Ebene geht durch den Kugelmittelpunkt und hat den Normalenvektor $\vec{n} = \vec{n}_1^° + \vec{n}_2^°$, da bei der in b) gewählten Orientierung $\vec{n}_1 * \vec{n}_2 > 0$.

   $\vec{n} = \frac{1}{13}\begin{pmatrix} 8 \\ 4 \\ 24 \end{pmatrix}$, W: $2x_1 + x_2 + 6x_3 = 0$.

   Anmerkung: Sind $\vec{n}_1^° * \vec{x} + c_1 = 0$ und $\vec{n}_2^° * \vec{x} + c_2 = 0$ die Hesseschen Normalformen zweier Ebenen, so gilt für die beiden winkelhalbierenden Ebenen: $W_{1,2}$: $(\vec{n}_1^° \pm \vec{n}_2^°) * \vec{x} + c_1 \pm c_2 = 0$ (vgl. Lehrbuch S. 172).

6. M$(0|1|-2)$, $r = 5$, K: $x_1^2 + (x_2 - 1)^2 + (x_3 + 2)^2 - 25 = 0$
   Ansatz für die Tangentialebene im Tangentialpunkt $T(t_1|t_2|t_3)$:
   $x_1 t_1 + (x_2 - 1)(t_2 - 1) + (x_3 + 2)(t_3 + 2) - 25 = 0$
   Für die Koordinaten t_1, t_2, t_3 erhält man folgende Bedingungen:

   1. $P \in E \Rightarrow t_1 - t_2 + 7t_3 - 10 = 0$

   2. $E \| \begin{pmatrix} 1 \\ 0 \\ 0 \end{pmatrix} \Rightarrow \overrightarrow{MT} \perp \begin{pmatrix} 1 \\ 0 \\ 0 \end{pmatrix} \Rightarrow t_1 = 0$

   3. $T \in K \Rightarrow t_1^2 + (t_2 - 1)^2 + (t_3 + 2)^2 - 25 = 0$

   Aus diesen Bedingungen errechnet man: $T_1(0|-3|1)$, $T_2(0|4|2)$,
   E_1: $4x_2 - 3x_3 + 15 = 0$, E_2: $3x_2 + 4x_3 - 20 = 0$.

S. 187 7. $M(-2|0|3)$, $r = 11$,

a) Die Tangentialpunkte der gesuchten Tangentialebenen erhält man als Schnittpunkte des Lotes l zur Ebene E durch M mit der Kugel.

$l: \vec{x} = \begin{pmatrix} -2 \\ 0 \\ 3 \end{pmatrix} + k \begin{pmatrix} 6 \\ -7 \\ -6 \end{pmatrix}$, Tangentialpunkte: $T_1(4|-7|-3)$, $T_2(-8|7|9)$

$E_1: 6x_1 - 7x_2 - 6x_3 - 91 = 0$, $E_2: 6x_1 - 7x_2 - 6x_3 + 151 = 0$

b) Die Tangentialpunkte der gesuchten Tangentialebenen erhält man als Schnittpunkte der Parallelen h zu g durch M mit der Kugel.

$h: \vec{x} = \begin{pmatrix} -2 \\ 0 \\ 3 \end{pmatrix} + k \begin{pmatrix} 6 \\ 6 \\ -7 \end{pmatrix}$, $k \in \mathbb{R}$; $T_1(4|6|-4)$, $T_2(-8|-6|10)$,

$E_1: 6x_1 + 6x_2 - 7x_3 - 88 = 0$, $E_2: 6x_1 + 6x_2 - 7x_3 + 154 = 0$.

S. 191 | Anhang 2

Fig. a)

Fig. b)

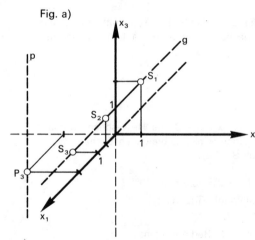
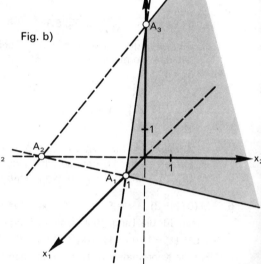

1. $S_1(0|1|2)$, $S_2(\tfrac{1}{2}|0|1)$, $S_3(1|-1|0)$; Fig. a)

2. Es existiert nur der Spurpunkt mit der x_1x_2-Ebene $P_3(2|-2|0)$; Fig. a). Die Gerade ist parallel zur x_3-Achse.

3. $A_1(1|0|0)$, $A_2(0|-4|0)$, $A_3(0|0|5)$; Fig. b)

4. Die Ebene ist parallel zur x_1x_2-Ebene. Es existiert nur der Achsenschnittpunkt $A_3(0|0|2)$. Die Spurgeraden mit der x_1x_3-Ebene und der x_2x_3-Ebene sind parallel zur x_1-Achse bzw. zur x_2-Achse. Fig. c).

Fig. c)   S. 191

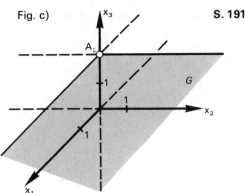

5. $S_1(0|\frac{8}{7}|\frac{15}{7})$, $S_3(\frac{4}{7}|\frac{12}{7}|0)$

$$g: \vec{x} = \begin{pmatrix} 0 \\ \frac{8}{7} \\ \frac{15}{7} \end{pmatrix} + k \begin{pmatrix} 4 \\ 4 \\ -15 \end{pmatrix}$$

Lösung zur Abituraufgabe 1979/1 im Grundkurs   S. 194

1. a) Schnitt von g_1, g_2: $\begin{pmatrix} 2 \\ 5 \\ 0 \end{pmatrix} + \lambda \begin{pmatrix} 1 \\ 2 \\ 0 \end{pmatrix} = \begin{pmatrix} 3 \\ 6 \\ -1 \end{pmatrix} + \mu \begin{pmatrix} 2 \\ 3 \\ 1 \end{pmatrix} \Rightarrow \lambda = \mu = -1$

   also $S(1|3|0)$

   b) Parameterform von E: $\vec{x} = \begin{pmatrix} 2 \\ 5 \\ 0 \end{pmatrix} + \lambda \begin{pmatrix} 1 \\ 2 \\ 0 \end{pmatrix} + \mu \begin{pmatrix} 2 \\ 3 \\ 1 \end{pmatrix}$.

   Ein Normalenvektor errechnet sich zu $\vec{n} = \begin{pmatrix} 2 \\ -1 \\ 1 \end{pmatrix}$ und damit durch Skalarprodukt-

   bildung die Normalenform von E: $2x_1 - x_2 + x_3 + 1 = 0$

2. a) Hessesche Normalform von E: $\frac{1}{\sqrt{6}}(-2x_1 + x_2 - x_3 - 1) = 0$

   $d(P, E) = \frac{1}{\sqrt{6}}(4 + 1 - 2 - 1) = \frac{1}{3}\sqrt{6}$

   b) $g_3: \vec{x} = \begin{pmatrix} -2 \\ 1 \\ 2 \end{pmatrix} + k \begin{pmatrix} 1 \\ 3 \\ 0 \end{pmatrix}$

   Einsetzen der Koordinaten von $\vec{x}$ in die Normalenform von E liefert $2(-2+k) - (1+3k) + 2 + 1 = 0$ und damit $k = -2$, also $R(-4|-5|2)$.

3. $\vec{PR} = \begin{pmatrix} -2 \\ -6 \\ 0 \end{pmatrix}$, $\vec{RQ} = \begin{pmatrix} 3 \\ 9 \\ 0 \end{pmatrix}$ also $\vec{PR} = -\frac{2}{3}\vec{RQ}$ und $TV(PQR) = -\frac{2}{3}$.

   Wegen $TV(PQR) < 0$ liegt R außerhalb $[PQ]$, wegen $|TV(PQR)| < 1$ liegt R auf der Seite von P, also P zwischen R und Q. ($TV(RQP) = 2 > 0$)

S. 194 **Lösung zur Abituraufgabe 1979/2 im Grundkurs**

1. a) $E: \vec{x} = \begin{pmatrix} 1 \\ 2 \\ 3 \end{pmatrix} + k \begin{pmatrix} 3 \\ 2 \\ 0 \end{pmatrix} + l \begin{pmatrix} 5 \\ 0 \\ -3 \end{pmatrix}$

   b) Mit der Normalenform der $x_1 x_2$-Ebene, $x_3 = 0$, ergibt sich aus der dritten Zeile der Parameterform von E die Gleichung $3 - 3l = 0$, also $l = 1$ und damit

   $g: \vec{x} = \begin{pmatrix} 6 \\ 2 \\ 0 \end{pmatrix} + k \begin{pmatrix} 3 \\ 2 \\ 0 \end{pmatrix}$.

   c) Wird sinnvollerweise nach Teilaufgabe d) e) bearbeitet.

S. 195 d) $E: 6x_1 - 9x_2 + 10x_3 - 18 = 0$

   e) Hessesche Normalform von E: $\dfrac{1}{\sqrt{217}}(6x_1 - 9x_2 + 10x_3 - 18) = 0$

   $d(D, E) = \dfrac{1}{\sqrt{217}}(6 \cdot 12 + 9 \cdot 7 + 10 \cdot 10 - 18) = \sqrt{217} \approx 14{,}7$

   c) wegen $d(D, E) \neq 0$ gilt $D \notin E$.

2. Die Aussage gilt sogar für *beliebige* Pyramiden mit Ecken A, B, C, D.

   Beweis: $\vec{m}_1 = \tfrac{1}{2}(\vec{a} + \vec{b})$, $\vec{m}_2 = \tfrac{1}{2}(\vec{b} + \vec{d})$, $\vec{m}_3 = \tfrac{1}{2}(\vec{c} + \vec{d})$, $\vec{m}_4 = \tfrac{1}{2}(\vec{a} + \vec{c})$
   (Ortsvektoren der angegebenen Mittelpunkte M_1, M_2, M_3, M_4)
   Es genügt zu zeigen $\overrightarrow{M_1 M_2} = \overrightarrow{M_4 M_3}$:
   $\overrightarrow{M_1 M_2} = \vec{m}_2 - \vec{m}_1 = \tfrac{1}{2}(\vec{d} - \vec{a})$; $\overrightarrow{M_4 M_3} = \vec{m}_3 - \vec{m}_4 = \tfrac{1}{2}(\vec{d} - \vec{a})$.

Lösung zur Abituraufgabe 1980/1 im Grundkurs

1. a) Normalenvektor zu E_1: $\vec{n} = \begin{pmatrix} -2 \\ 2 \\ 1 \end{pmatrix}$

   Also besitzen E_1, E_2 ein gemeinsames Lot und sind parallel.

   b) $E_1: -\tfrac{1}{3}(2x_1 - 2x_2 - x_3 + 6) = 0$

   c) $A(0|0|-9) \in E_2$, $d(E_2, E_1) = d(A, E_1) = -\tfrac{1}{3}(9 + 6) = -5$ $d(O, E_1) = -2$.
   Der Ursprung O liegt also auf derselben Seite von E_1 wie E_2, aber näher an E_1:
   O liegt also zwischen E_1 und E_2.

2. Mit der Normalenform der $x_1 x_2$-Ebene $x_3 = 0$ ergibt sich aus der dritten Zeile der Parameterform von E_1 die Gleichung $4 + 2\lambda - 2\mu = 0$, also $\mu = 2 + \lambda$ und damit

   $s: \vec{x} = \begin{pmatrix} 5 \\ 8 \\ 0 \end{pmatrix} + \lambda \begin{pmatrix} 3 \\ 3 \\ 0 \end{pmatrix}$ bzw. $s: \vec{x} = \begin{pmatrix} 5 \\ 8 \\ 0 \end{pmatrix} + k \begin{pmatrix} 1 \\ 1 \\ 0 \end{pmatrix}$

3. a) Setzt man die Koordinaten des Ortsvektors $\vec{x}$ in die Normalenform von E_1 ein, S. 195 so ergibt sich $2(1+\sigma) - 2(2+\sigma) - (-1+\sigma) + 6 = 0$ und damit $\sigma = 5$ also $D(6|7|4)$.

b) $\cos \varphi = \dfrac{\sqrt{3}}{9}$, also $\varphi \approx 78{,}9°$.

Lösung zur Abituraufgabe 1980/2 im Grundkurs

1. a) Parameterform von E: $\vec{x} = \begin{pmatrix} 0 \\ 3 \\ 6 \end{pmatrix} + k \begin{pmatrix} 1 \\ -1 \\ -12 \end{pmatrix} + l \begin{pmatrix} -9 \\ -5 \\ -4 \end{pmatrix}$.

   Ein Normalenvektor errechnet sich zu $\vec{n} = \begin{pmatrix} 4 \\ -8 \\ 1 \end{pmatrix}$ und damit durch Skalarprodukt-bildung die Normalenform von E: $4x_1 - 8x_2 + x_3 + 18 = 0$

   b) Einsetzen der Koordinaten von $\vec{x}$ in die Normalenform von E liefert $4(-\tau) - 8 \cdot 4 + (5+\tau) + 18 = 0$ und damit $\tau = -3$, also $S(3|4|2)$.

   c) $\begin{pmatrix} 5 \\ 4 \\ 0 \end{pmatrix} = \begin{pmatrix} 0 \\ 4 \\ 5 \end{pmatrix} + \tau \begin{pmatrix} -1 \\ 0 \\ 1 \end{pmatrix}$ wird von $\tau = -5$ erfüllt, also $P \in g$. $|\overrightarrow{SP}| = \left| \begin{pmatrix} 2 \\ 0 \\ -2 \end{pmatrix} \right| = 2\sqrt{2}$

   d) $\cos \varphi = \frac{1}{2}$, also $\varphi = 60°$

2. Hessesche Normalform von E: $-\frac{1}{9}(4x_1 - 8x_2 + x_3 + 18) = 0$
   $d(P, E) = -\frac{1}{9}(4 \cdot 5 - 8 \cdot 4 + 18) = -\frac{2}{3}$

   b) $\vec{p}' = \vec{p} + 2|d|\vec{n}_0 = \frac{1}{27} \begin{pmatrix} 119 \\ 140 \\ -4 \end{pmatrix}$. (Man beachte die Orientierung des Normalenvektors $\vec{n}$ in der Hesseschen Normalform. Probe: $d(P', E) = \frac{2}{3}$.)

Lösung zur Abituraufgabe 1981/1 im Grundkurs
S. 196

1. a) Die Gleichung $\begin{pmatrix} 2 \\ 2 \\ 0 \end{pmatrix} = \begin{pmatrix} 0 \\ 0 \\ 2 \end{pmatrix} + \lambda \begin{pmatrix} 3 \\ -3 \\ 1 \end{pmatrix}$ ist für kein $\lambda \in \mathbb{R}$ erfüllbar, also gilt $P \notin g$

   und damit wird durch P, g eine Ebene E festgelegt:

   $E: \vec{x} = \begin{pmatrix} 0 \\ 0 \\ 2 \end{pmatrix} + \lambda \begin{pmatrix} 3 \\ -3 \\ 1 \end{pmatrix} + \mu \begin{pmatrix} 1 \\ 1 \\ -1 \end{pmatrix}$.

S. 196 1. b) Hessesche Normalform von $E: \dfrac{1}{\sqrt{14}}(x_1 + 2x_2 + 3x_3 - 6) = 0$

Daraus folgt $d(O, E) = \dfrac{-6}{\sqrt{14}}$

2. a) x_1-Achse: $x_2 = x_3 = 0 \Rightarrow x_1 = 6$ also $A(6|0|0)$
x_2-Achse: $x_1 = x_3 = 0 \Rightarrow x_2 = 3$ also $B(0|3|0)$.
(Benutzt wurde die Normalenform von E)

b) $AB: \vec{x} = \begin{pmatrix} 6 \\ 0 \\ 0 \end{pmatrix} + k \begin{pmatrix} 2 \\ -1 \\ 0 \end{pmatrix}$

Mit $Q \in AB$ läßt sich $\vec{OQ}$ also als $\begin{pmatrix} 6+2k \\ -k \\ 0 \end{pmatrix}$ darstellen.

$\vec{OQ} * \vec{OP} = 0$ liefert $2(6+2k) - 2k = 0$ und damit $k = -6$, also $Q(-6|6|0)$

c) $\vec{AP} = 2\vec{PB}$, also $TV(ABP) = 2$ (innerer Teilpunkt)
$\vec{AQ} = -2\vec{QB}$, also $TV(ABQ) = -2$ (äußerer Teilpunkt)
$\overline{OA} : \overline{OB} = |\vec{OA}| : |\vec{OB}| = 6 : 3 = 2$

Lösung zur Abituraufgabe 1981/2 im Grundkurs

1. a) $h: \vec{x} = \begin{pmatrix} 3 \\ 2 \\ -3 \end{pmatrix} + \mu \begin{pmatrix} 1 \\ 0 \\ 1 \end{pmatrix}$

Schnitt von g und h: $\begin{pmatrix} 4 \\ 4 \\ -1 \end{pmatrix} + \lambda \begin{pmatrix} 1 \\ 2 \\ 2 \end{pmatrix} = \begin{pmatrix} 3 \\ 2 \\ -3 \end{pmatrix} + \mu \begin{pmatrix} 1 \\ 0 \\ 1 \end{pmatrix} \Rightarrow \lambda = -1, \mu = 0$,

also $S(3|2|-3)$. (Man beachte $S = A$!)

b) $\cos \varphi = \tfrac{1}{2}\sqrt{2} \Rightarrow \varphi = 45°$

2. a) $E_1: \vec{x} = \begin{pmatrix} 3 \\ 2 \\ -3 \end{pmatrix} + r \begin{pmatrix} 1 \\ 2 \\ 2 \end{pmatrix} + s \begin{pmatrix} 1 \\ 0 \\ 1 \end{pmatrix}$, Normalenform: $2x_1 + x_2 - 2x_3 - 14 = 0$

b) $E_2: x_2 = 6$; Schnitt von E_1 und E_2 führt unter Benutzung der Normalenformen auf $2x_1 - 2x_3 - 8 = 0$. Setzt man $x_3 = k$, so ergibt sich $x_1 = 4 + k$.

Hieraus ergibt sich die Gleichung der Schnittgeraden zu $\vec{x} = \begin{pmatrix} 4 \\ 6 \\ 0 \end{pmatrix} + k \begin{pmatrix} 1 \\ 0 \\ 1 \end{pmatrix}$

3. a) vgl. 2a)

b) Hessesche Normalform von $E_1: \tfrac{1}{3}(2x_1 + x_2 - 2x_3 - 14) = 0$,
$d(D, E_1) = \tfrac{1}{3}(4 - 2 - 6 - 14) = -6$

c) $\overrightarrow{DF} = \begin{pmatrix} 4 \\ 2 \\ -4 \end{pmatrix}$ ist Lotvektor zu E_1. $F \in E_1$ durch Einsetzen der Koordinaten von F   S. 196

in die Normalenform von E_1,

$\vec{d}' = \vec{d} + 2\overrightarrow{DF} = \begin{pmatrix} 10 \\ 2 \\ -5 \end{pmatrix}$, also $D'(10|2|-5)$

Lösung zur Abituraufgabe 1981/1 im Leistungskurs   S. 197

1. a) Das Gleichungssystem $\begin{array}{l} 2x_1 - x_2 - 2x_3 - 3 = 0 \\ x_1 - 2x_2 + 2x_3 + 6 = 0 \end{array}$ führt mit $x_1 = r$ auf das

   Schema $\begin{array}{cc|c} -1 & -2 & 3 - 2r \\ -2 & 2 & -6 - r \end{array}$, woraus sich errechnet $\begin{array}{l} x_2 = 1 + r \\ x_3 = -2 + \dfrac{r}{2} \end{array}$

   Die Parameterdarstellung für die Ortsvektoren der gemeinsamen Punkte lautet also:

   $\begin{array}{l} x_1 = r \\ x_2 = 1 + r \\ x_3 = -2 + \dfrac{r}{2} \end{array}$ bzw. $\vec{x} = \begin{pmatrix} 0 \\ 1 \\ -2 \end{pmatrix} + r \begin{pmatrix} 1 \\ 1 \\ \frac{1}{2} \end{pmatrix}$ oder $s: \vec{x} = \begin{pmatrix} 0 \\ 1 \\ -2 \end{pmatrix} + k \begin{pmatrix} 2 \\ 2 \\ 1 \end{pmatrix}$

   b) $\cos \varphi = \vec{n}_1^° * \vec{n}_2^° = 0 \Rightarrow \varphi = 90°$

   c)

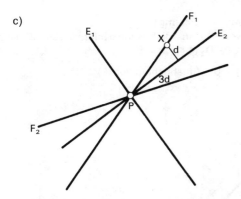

   Hessesche Normalform von
   $E_1: \frac{1}{3}(2x_1 - x_2 - 2x_3 - 3) = 0$
   $E_2: \frac{1}{3}(-x_1 + 2x_2 - 2x_3 - 6) = 0$

   Für einen beliebigen Punkt X der Ebene F_1 gilt $d(X, E_1) = 3d(X, E_2)$, also
   $\frac{1}{3}(2x_1 - x_2 - 2x_3 - 3) = 3 \cdot \frac{1}{3}(-x_1 + 2x_2 - 2x_3 - 6)$

   Hieraus ergibt sich durch Ordnen $5x_1 - 7x_2 + 4x_3 + 15 = 0$, die Gleichung der Ebene F_1. Analog ergibt sich aus $d(X, E_1) = -3d(X, E_2)$ die Gleichung der Ebene $F_2: x_1 - 5x_2 + 8x_3 + 21 = 0$

   Anmerkung: Da F_1 bzw. F_2 die Gerade s enthält, genügt es, *einen* weiteren Punkt X zu bestimmen, der die Bedingung $d(X, E_1) = \pm 3d(X, E_2)$ erfüllt. Ist $P \in s$, so findet man X z. B. durch $\overrightarrow{PX} = 3\vec{n}_1^° \pm \vec{n}_2^°$, da E_1 senkrecht zu E_2.

S. 197 Dies ergibt $\vec{PX} = \frac{1}{3}\begin{pmatrix}-5\\1\\8\end{pmatrix}$ bzw. $\vec{PX} = \frac{1}{3}\begin{pmatrix}7\\-5\\-4\end{pmatrix}$ und damit

$$F_1: \vec{x} = \begin{pmatrix}0\\1\\-2\end{pmatrix} + k\begin{pmatrix}2\\2\\1\end{pmatrix} + l\begin{pmatrix}-5\\1\\8\end{pmatrix} \quad \text{bzw.} \quad F_2: \vec{x} = \begin{pmatrix}0\\1\\-2\end{pmatrix} + k\begin{pmatrix}2\\2\\1\end{pmatrix} + l\begin{pmatrix}7\\-5\\-4\end{pmatrix}$$

2. a) $\sin\varepsilon = \vec{u}° * \vec{n}_1° = \dfrac{2}{3\sqrt{5}} \Rightarrow \varepsilon \approx 17{,}3°$

Einsetzen der Koordinaten von $\vec{x}$ in die Normalenform von E_1 liefert $4k - 2 - 2(-1+k) - 3 = 0$ und damit $k = \frac{3}{2}$, also $S(3|2|\frac{1}{2})$.

b) Ansatz für g': $\vec{x} = \vec{s} + k\vec{u}'$ (vgl. S. 169 und Fig. 4.33 im Lehrbuch)
$\vec{u}'$ errechnet sich aus $\vec{u}' = \vec{u} + r\vec{p}$ und $\vec{u}' * \vec{n}_1 = 0$ (da g' in E_1 liegt).
Es folgt also $0 = \vec{u} * \vec{n}_1 + r\vec{p} * \vec{n}_1$ und hieraus $r = -\frac{1}{3}$, also

$$\vec{u}' = \begin{pmatrix}2\\0\\1\end{pmatrix} - \frac{1}{3}\begin{pmatrix}1\\0\\-2\end{pmatrix} = \frac{1}{3}\begin{pmatrix}5\\0\\5\end{pmatrix} \quad \text{und damit} \quad g': \vec{x} = \begin{pmatrix}3\\2\\\frac{1}{2}\end{pmatrix} + k\begin{pmatrix}1\\0\\1\end{pmatrix}.$$

Benutzt wurde, daß S bei der Projektion Fixpunkt ist.

Lösung zur Abituraufgabe 1981/2 im Leistungskurs

1. a) $E: 2x_1 - x_3 = 0$ (über Drei-Punkte-Gleichung)
Einsetzen der Koordinaten von D_k in die Normalenform von E liefert $2(5-2k) - k = 0$, also $k = 2$. $D_2(1|1|2) \in E$

b) $\vec{AB} * \vec{CD}_k = 3(4-2k) + 6(k-2) = 0$ (unabhängig von k)

2.

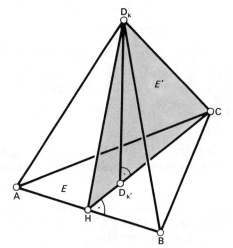

a) $\overrightarrow{AH} = r \cdot \overrightarrow{AB}$
$r\overrightarrow{AB} + \overrightarrow{HC} + \overrightarrow{CA} = \vec{o}$ mit $\overrightarrow{HC} * \overrightarrow{AB} = 0$, also $r \cdot \overrightarrow{AB}^2 + \overrightarrow{AB} * \overrightarrow{CA} = 0$ und damit $r = \frac{1}{3}$, also $H(1|0|2)$

b) $\overrightarrow{AB} \perp \overrightarrow{HC}$, $\overrightarrow{AB} \perp CD_k$, also $\overrightarrow{AB} \perp E'$. HD_k ist also Höhe im Dreieck ABD_k.

3. a) Hessesche Normalform von E: $\dfrac{1}{\sqrt{5}}(2x_1 - x_3) = 0$ S. 197

$d(D_k, E) = \dfrac{1}{\sqrt{5}}(10 - 4k - k) = \sqrt{5}(2 - k)$

b) $D'_k = (1|1|2) = D_2$
Mit $\overrightarrow{D_kD_2} \perp E$ ist $\{D_k | k \in \mathbb{R}\}$ eine Lotgerade zu E durch D_2.

Lösung zur Abituraufgabe 1981/3 im Leistungskurs   S. 198

1. Man berechnet $D = \det(\vec{u}_1, \vec{u}_2, \vec{u}_3) = \begin{vmatrix} 1 & 1 & 0 \\ 2a & 1 & a \\ 2 & -a & 3 \end{vmatrix} = (a-1)(a-3)$

Für $a = 1$ oder $a = 3$ gilt $D = 0$, genau dann sind die Vektoren linear abhängig, sonst linear unabhängig

2. a) Wir zeigen, daß g_1 in der von den Geraden g_2 und g_3 aufgespannten Ebene E liegt: $E: \vec{x} = \vec{a}_2 + s\vec{u}_2 + t\vec{u}_3$. ($\vec{a}_i$ sei der Ortsvektor des Antragspunktes von g_i. g_2, g_3 sind nicht windschief, da $\vec{a}_2 - \vec{a}_3 = \vec{u}_3$). Die Bedingung „$\vec{u}_1, \vec{u}_2, \vec{u}_3$ linear abhängig" folgt wegen $a = 1$ aus Aufgabe 1, die Bedingung „$\vec{a}_2 - \vec{a}_1, \vec{u}_2, \vec{u}_3$ linear abhängig" errechnet sich z. B. mit

$\det(\vec{a}_2 - \vec{a}_1, \vec{u}_2, \vec{u}_3) = \begin{vmatrix} 1 & 1 & 0 \\ 1 & 1 & 1 \\ -1 & -1 & 3 \end{vmatrix} = 0$ oder direkt aus $\vec{a}_2 - \vec{a}_1 = \vec{u}_2$.

(Die Aufgabe ist auch lösbar durch Errechnung der drei Schnittpunkte von je zweien der drei Geraden).

b) Parameterform vgl. 2a).
Normalenform: $E: 4x_1 - 3x_2 + x_3 - 6 = 0$

c) Hessesche Normalform von E: $\dfrac{1}{\sqrt{26}}(4x_1 - 3x_2 + x_3 - 6) = 0$

$d(D, E_2) = \sqrt{26}$. $\vec{d}' = \vec{d} - 2d\vec{n}_0 = \begin{pmatrix} 8 \\ 2 \\ 6 \end{pmatrix} - 2\sqrt{26} \cdot \dfrac{1}{\sqrt{26}} \begin{pmatrix} 4 \\ -3 \\ 1 \end{pmatrix} = \begin{pmatrix} 0 \\ 8 \\ 4 \end{pmatrix}$, also

$D'(0|8|4)$.
(Man beachte die Orientierung des Normalenvektors $\vec{n}_0$ in der Hesseschen Normalform. Probe: $d(D', E) = -\sqrt{26}$.)

S. 198 3. a) $C(2|1|1)$

b)

Der Ansatz $k\vec{u}_2 + 6\vec{u}_1^\circ - l\vec{u}_3 = \vec{o}$ liefert je nach Orientierung von $\vec{u}_1^\circ$:
$k = -2, l = 2$ bzw. $k = 2, l = -2$,
also $P'(0|-1|3)$, $Q'(2|3|7)$ bzw. $P''(4|3|-1)$, $Q''(2|-1|-5)$; (vgl. Figur).
Damit erhält man die beiden Geraden

$$g'_1 = P'Q' : \vec{x} = \begin{pmatrix} 0 \\ -1 \\ 3 \end{pmatrix} + m \begin{pmatrix} 1 \\ 2 \\ 2 \end{pmatrix} \quad \text{bzw.} \quad g''_2 = P''Q'' : \vec{x} = \begin{pmatrix} 4 \\ -3 \\ 1 \end{pmatrix} + n \begin{pmatrix} 1 \\ 2 \\ 2 \end{pmatrix}$$

Kontrolle: $\overrightarrow{P'Q'} = 2\vec{u}_1$, $\overrightarrow{P''Q''} = -2\vec{u}_1$, $|\overrightarrow{P'Q'}| = |\overrightarrow{P''Q''}| = 6$